U0376365

奇趣博物馆

Fascinating Museum

刘少宸◎编著

我想有一个外星朋友

吉林科学技术出版社
JiLin Science & Technology Publishing House

F 前言
FOREWORD

　　晴朗的夜空中，布满了亮晶晶的星星。我们肉眼所能看到的这些星星只是浩瀚宇宙中的一小部分。宇宙太空中蕴藏了无数的秘密需要我们去探索。

　　太阳系里的八大行星是什么？它们是什么样的？美丽的彗星是怎么出现的？为什么会有一闪而过的流星出现？宇宙中的隐形魔怪黑洞真的有那么可怕吗？本书将用生动有趣、通俗易懂的语言，为你一一讲述！

　　本书与课本紧密相连，在文中详细标注了相关教材的页码和内容，有助于在巩固课堂知识的基础上，加深对课本的学习，更能让你汲取更多的知识，开阔眼界，了解书本之外的广阔世界。

　　另外，不要担心会有阅读障碍，书中对学习范围之外的疑难字加注了拼音，让你不用翻字典就能流畅阅读，可专注地享受在知识的海洋中徜徉的乐趣，度过愉快的阅读时光。

　　最后，还欢迎你关注奇趣博物馆系列的其他图书：《我要给地球挖个洞》《海洋会干涸吗》《我想养只小恐龙》《是谁创造了奇迹》《把达尔文带回家》《我和猩猩为什么不一样》《是科学还是魔法》《这才是男孩的玩具》《我和我的动物小伙伴》。

C 目录
CONTENTS

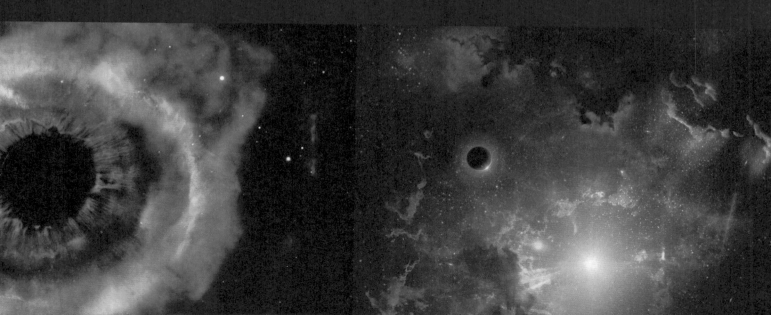

我们的家乡：太阳系

我们居住的地球

　　地球来自哪里？它到底是什么样子的？人们对自己的家园——地球，常会产生各种美丽的遐想。那么，我们居住的地球究竟是什么样子的呢？下面为你揭开谜底。

地壳

地幔

地核

认识我们的地球

地球已经是一个46亿岁的老寿星了，它起源于原始太阳星云。

地球的赤道半径为 6 378.14 千米，比极半径长 21 千米。

地球的内部结构可以分为三层：地壳、地幔和地核。

在地球引力的作用下，大量气体聚集在地球周围，形成包层，这就是地球大气层。

直到 16 世纪时，人类才认识到地球只不过是太阳系的一颗普通行星而已。

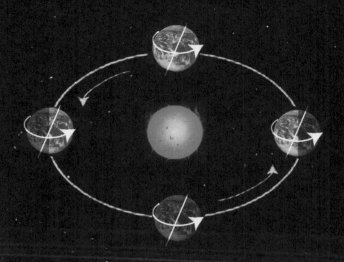

为什么感觉不到地球在转动

地球就像一只陀螺，每天都沿着自转轴自西向东不停地旋转着。那为什么我们感觉不到地球转动呢？这是因为我们以及地球上的一切，每天也在随着地球迅速转动，没有其他的参照物，自然也就感觉不到我们在转动了。

地球的自转与公转

　　地球的自转周期为 23 小时 56 分 4 秒，约等于 24 小时。然而在地球上，我们感受到的一天是 24 小时，这是因为我们选取的参照物是太阳。由于地球自转的同时也在围绕太阳公转，这 4 分钟的差距正是地球自转和公转叠加的结果。天文学上把我们感受到的这一天的 24 小时称为一太阳日。

如何探测地球内部

　　我们知道，地球的赤道半径为 6 378.14 千米。那么，地球内部有多深就可想而知了。人类是如何了解地球内部的秘密呢？科学家们发现了地震波。地震波就是地震时发出的震波，它有横波和纵波两种，横波只能穿过固体物质，纵波却能在固体、液体和气体的任一种物质中自由通行。通过的物质密度大，地震波的传播速度就快，物质密度小，传播速度就慢。科学家们通过地震波获得了地球内部的很多信息。

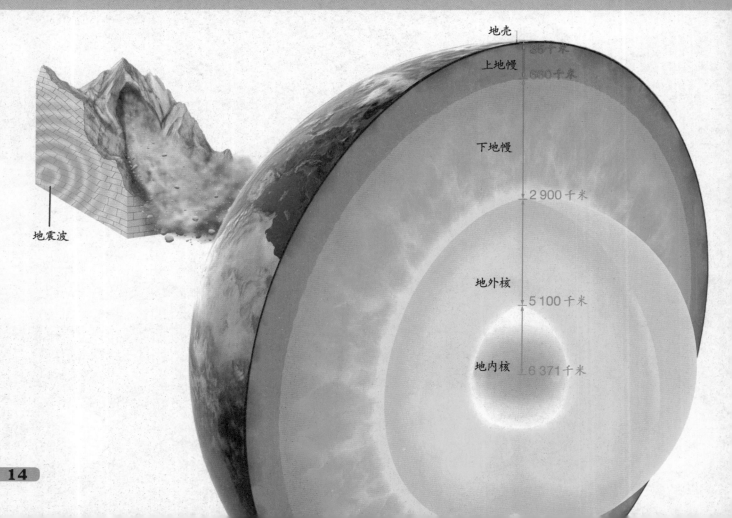

地震波

地壳
35千米
上地幔
660千米
下地幔
2 900 千米
地外核
5 100 千米
地内核
6 371 千米

关于引力

　　1679 年，著名科学家牛顿提出了万有引力定律，认为天体间因有质量而有引力，并且发现了引力对一切物体的作用性质都是相同的。

　　1916 年，爱因斯坦的广义相对论问世，并提出了崭新的引力场理论。他认为由引力造成的加速度，可以同由其他力造成的加速度区分开来。这个命题就是爱因斯坦的等价原理，即一个加速系统与一个引力场等效。我们设想，一个人在远离地球的太空中乘一架升降机上升，上升的加速度很大，由于速度变化产生了阻力，这个人的双脚会被紧紧压在升降机的底板上，就像升降机停在地球表面上不动一样。

参照教材阅读
认识我们的地球
参照人民教育出版社出版的《小学科学》
四年级上册教材第 46 页

离我们最近的月球

月球是离我们最近的天体，它与地球的平均距离为 384 401 千米。它与地球形影相随，关系密切。李白的诗句千古传诵："床前明月光，疑是地上霜，举头望明月，低头思故乡。"它反映了诗人对皎洁月光的赞美，更抒发了游子的思乡之情。

认识月球

月球的年龄，大约也是 46 亿年。和地球一样，月球也有壳、幔 [màn]、核等分层结构。最外层的月壳平均厚度约为 60 ~ 65 千米。月壳到下面 1 000 千米深度是月幔，它占了月球的大部分体积。

月幔下面是月核，月核的温度约为 1 000℃，很可能是熔融状态的。

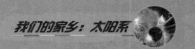

月球的平均直径为 3 475 千米，比地球直径的 1/4 稍大些。月球的表面积有 3 800 万平方千米，还不及我们亚洲的面积。月球的质量约 7 350 亿亿吨，相当于地球质量的 1/81。月面的重力，差不多相当于地球重力的 1/6，地球上一个 60 千克重的人，到了月球上就只有 10 千克重了。

月壳
月海
月球高地
月幔
部分熔融
月外核
月内核

月球的阴阳两面

月球表面有阴暗的部分和明亮的区域。早期的天文学家在观察月球时，以为发暗的区域有海水覆盖，因此把它们称为"海"，著名的有云海、湿海、静海等。而明亮的区域是山脉，那里层峦叠嶂，山脉纵横，到处都是星罗棋布的环形山，例如：位于南极附近的贝利环形山，直径295千米，可以把整个海南岛装进去；最深的山是牛顿环形山，深达 8 788 米。除了环形山，月球上也有普通的山脉。高山和深谷叠现，使得月球表面别有一番风光。

露湾

柏拉图

虹湾

雨海

阿里斯塔克

哥白尼

风暴洋

格里马弟

加桑迪

湿海

云海

疲沼

南极

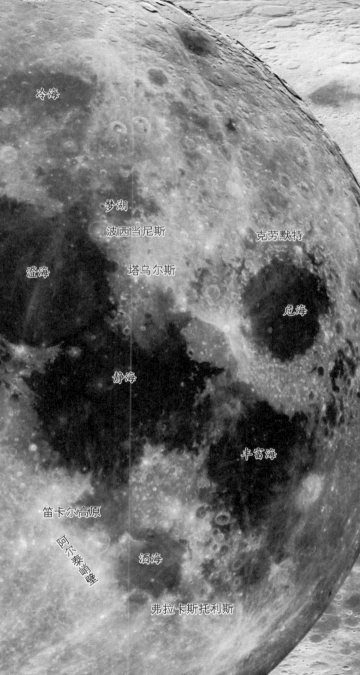

北极

冷海

梦湖

波西当尼斯

澄海

塔乌尔斯

克劳默特

危海

静海

丰富海

笛卡尔高原

阿尔泰峭壁

酒海

弗拉卡斯托利斯

月球引力与地震的发生

　　许多大地震都发生在夜间。1300—1976 年的 600 多年间，中国发生的 29 次特大地震中，有 21 次发生在夜晚，占 72%；1990—2000 年，全球有重大伤亡破坏的 8 次大地震中，有 7 次发生在夜晚，占 87%。这是什么原因呢？

　　当科学家使用精密仪器对大地进行测量时发现，在月球引力的作用下，地球的固体地壳也存在着与海水一样的"潮汐"现象，其起伏的振幅约为 0.5 米。来自于月球的引力对地球的影响，在夜间要比白天大得多。地震虽然是地球内部运动的反应，但当它处于蓄势待发时，来自月球的引力所产生的固体潮，便起到了如导火线一样的作用，使积蓄已久的地震潜在能量，在很短的时间内迸发出来。

人类第一次登上月球

　　1969 年 7 月 20 日，美国"阿波罗 11 号"宇宙飞船把第一批宇航员送上了月球，使月球成为人类亲临考察的第一个也是目前唯一的天体。同年7 月 21 日格林尼治时间 4 时 7 分，宇航员阿姆斯特朗从登月舱上走下来，在月球表面上迈出了具有历史意义的第一步。

参照教材阅读

月球是什么样子的？

参照人民教育出版社出版的《小学科学》
四年级上册教材第 60 页

近距离看太阳

　　每天清晨，太阳都会从漫天红霞中喷薄而出，把万丈金光洒向大地。太阳在人类生活中的地位是如此的重要，以致人们一直对它顶礼膜拜。中华民族的先民把自己的祖先炎帝尊为太阳神；印度人认为，当第一道阳光照射到恒河时，世界才开始有了万物……

　　太阳究竟是什么样的呢？让我们近距离看看赐予我们生命和力量的万物主宰——太阳。

关于太阳的一些数据

在银河系内的 1000 多亿颗恒星中，太阳只是普通的一颗恒星。它的质量是地球质量的 33 万多倍，体积大约是地球的 130 万倍，半径约为 70 万千米，比地球半径的 109 倍还多。

太阳是一个表面温度 6000 ℃，核心温度 1560 万 ℃ 的热气体球。组成太阳的物质大部分是些普通的气体，其中氢约占 71%，氦约占 27%，其他元素占 2%。

太阳的大气层

太阳的大气层，像地球的大气层一样，可按不同的高度和不同的性质分层。我们平常看到的太阳表面，是太阳大气的光球层，它是不透明的，因此我们不能直接看见太阳内部的结构。太阳的核心区域虽然很小，但却是太阳巨大能量的真正源头。太阳核心的温度不但高，压力也极大，所以能释放出极大的能量。

23

24

太阳的未来

太阳的年龄约为 46 亿年，它还可以继续燃烧约 50 亿年。在它生命的最后阶段，太阳中的氦 [hài] 将转变成重元素，太阳的体积也将开始不断膨胀，直到将地球吞没。再经过一亿年的红巨星阶段后，太阳将缩成一颗白矮星，再经历几万亿年，它将最终完全冷却。

参照教材阅读
了解有关太阳的信息
参照人民教育出版社出版的《小学科学》
四年级上册教材第 54 页

敲开太阳系的大门

为什么我们白天能看见太阳，而到了晚上天空则被闪闪的星光点缀？这是因为我们生活的地球只是太阳系中围绕太阳转动的一个行星。地球以外还有更大、更神秘的太空世界等待着我们去探索……

太阳

木星

水星

金星

地球

火星

太阳是太阳系的中心

太阳系的中心是太阳，它每隔 2.3 亿年绕银河系中心转一圈，虽然它只是一颗中小型的恒星，但它的质量占据了整个太阳系总质量的99.85%。太阳以自己强大的引力将太阳系中所有的天体紧紧地控制在自己周围，使它们井然有序地围绕自己旋转。同时，太阳又带着太阳系的全体成员围绕着银河系的中心运动。

土星

天王星

海王星

太阳系里有什么

太阳系内迄今发现了八颗大行星，人们称它们为"八大行星"。按照距离太阳的远近，这八颗行星依次是：水星、金星、地球、火星、木星、土星、天王星、海王星。水星、金星、地球和火星也被称为类地行星，木星和土星也被称为巨行星，天王星、海王星也被称为远日行星。除了水星和金星外，其他的行星都有卫星。在火星和木星之间还存在着数十万个大小不等、形态各异的小行星，天文学家将这个区域称为小行星带。此外，太阳系中还有超过 1 000 颗的彗星，以及不计其数的尘埃、冰团、碎块等小天体。太阳系中的天体主要由氢、氦、氖 [nǎi] 等气体，冰（水、氨、甲烷 [wán]）以及含有铁、硅、镁等元素的岩石构成。

关于太阳系的起源

关于太阳系起源的学说有很多，现在占主导地位的是"现代星云说"。根据观测资料和理论计算的现代星云假说的主要观点是：太阳系原始星云是巨大的星际云瓦解的一个小云，一开始就在自转，并在自身引力作用下收缩，中心部分形成太阳，外部演化成星云盘，星云盘以后逐渐形成行星。

参照教材阅读
了解太阳系
参照人民教育出版社出版的《小学科学》
六年级下册教材第60页

太阳系最小的行星

　　水星，中国古代称辰星，它是八大行星中最小的一颗行星，也是太阳系中运动最快的行星。水星的公转周期是88天，也就是说，每隔88天，水星就能绕着太阳运行一周。

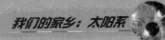

认识水星

水星是太阳系内与地球相似的四颗类地行星之一,有着与地球一样的岩石个体。它由约70%的金属和约30%的硅酸盐材料组成。

水星的表面坑坑洼洼,因受到无数次陨石的撞击,而形成了盆地、山脉、裂缝、褶 [zhě] 皱等。

水星的大气非常稀薄,大气压小于2×10百帕,其主要成分为氦、汽化钠和氧等。

31

昼夜温差大

水星可以说是八大行星中昼夜温差最大的行星。水星距离太阳非常近，在太阳的烘烤下，水星的温度最高时可达430℃，而太阳照不到的阴面，夜间温度可降到−160℃，昼夜温差近600℃。在这样一种火和冰的世界里，恐怕没有生命能够存活吧。

参照教材阅读
了解水星
参照人民教育出版社出版的《小学科学》
六年级下册教材第60页

开普勒三定律

　　"开普勒三定律"，也叫"行星运动定律"，是指行星在宇宙空间绕太阳公转所遵循的定律。由于行星运动定律是德国天文学家开普勒根据丹麦天文学家第谷·布拉赫等人的观测资料和星表，通过他本人的观测和分析后，于1609—1619年先后归纳提出的，所以它们也被称为"开普勒三定律"。

　　开普勒在1609年发表了关于行星运动的两条定律：每一行星沿一个椭圆轨道环绕太阳，而太阳则处在椭圆的一个焦点中，也被称为"轨道定律"；从太阳到行星所连接的直线在相等时间内扫过同等的面积，也被称为"面积定律"。1618年，开普勒又发现了第三条定律：所有行星的轨道半长轴的三次方跟公转周期的二次方的比值都相等，这个定律也被称为"周期定律"。

附日而行的金星

　　金星是八大行星中环绕太阳旋转的第二颗行星。由于金星、水星距离太阳很近，中国古人称它们为"附日而行"，即靠近太阳行走的行星。

太白金星

　　还记得《西游记》中的太白金星吧！中国古人称金星为"太白"或"太白金星"。金星是天上最明亮的天体，光色非常白。黎明前，太阳还没出现，它就在东方夜色里闪闪发光了。古人将清晨出现的星星叫"启明"，而在傍晚出现的则叫"长庚[gēng]"。

金星的自转

　　金星自转一周需要地球上的243天，而公转一周只需要225天。金星的两极并不存在像地球那样的扁率，地球的扁率是由于地球高速自转形成的，这也说明金星的自转比地球慢得多。

　　还有一个有趣的现象：与地球相比，金星是倒转的，从金星的北极看，它自转的方向为顺时针，也就是自东向西。于是，在金星上，真的实现了太阳从西边升起。

在距金星表面大约 20 千米～50 千米的高空，有一层厚达 20 千米～30 千米的浓硫酸云，这层终年紧裹着金星的云雾，就像金星的面纱一样，使人们无法看清它的真面目。

参照教材阅读

了解金星
参照人民教育出版社出版的《小学科学》
六年级下册教材第 60 页

和地球很像的火星

一直以来，火星被认为是太阳系中最有可能存在地外生命的行星。人们对火星也有很多幻想与联想。那么，到底火星是什么样子的呢？

认识火星

火星是太阳系中的第四大行星，它的两颗卫星为弗伯斯（火卫一）和迪摩斯（火卫二）。在形成后的前10亿年里，火星应该与地球很相似。但是至今火星上也没有发现任何生命迹象。

火星半径约是地球的一半，体积为地球的 15%，质量为地球的 11%，表面积相当于地球的陆地面积。中国古代称火星为"荧惑星"，这是因为它荧荧如火，位置、亮度时常变动。火星的橘红色外表是因为火星表面的岩石和沙子里含有铁的氧化物，使得整个地面呈红色。

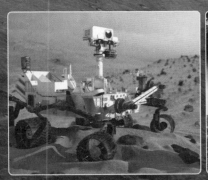

"小地球"

　　火星是除金星之外离地球最近的行星，它与地球有很多相似的地方。地球地势复杂，火星的地理状况也是高低不平，有陨石坑、大高原、火山、沙丘等。河流的痕迹证明水曾在火星上流淌过。火星上有长达 4 000 千米的峡谷。最高的火山——奥林匹斯山，高度达 25 千米！

　　火星也有四季。冬季，冰和干冰覆盖着火星两极，春季则融化。火星上刮着劲风，这种风使沙子升温。火星两极的温度为零下 130℃，而赤道则为 25℃。

　　火星的自转周期为 24 小时 37 分，和地球极为相近。火星也有白天和黑夜的交错，从火星上看太阳也是东升西落。不过，火星的昼夜温差要大得多。白天，火星上的最高温度可达 28℃，夜间则可能降到零下 132℃。这样低的温度，人类是无法忍受的。

参照教材阅读
了解火星
参照人民教育出版社出版的《小学科学》
六年级下册教材第 60 页

体积最大的行星——木星

木星是一个气态行星，没有实体表面，气态物质的密度由深度的变大而不断加大。

木星主要由氢和氦组成，其中氢元素的含量是 84%，氦元素的含量是 14%。木星的中心温度估计高达 30 500℃。

从地球上看，木星总放射着金色的光芒，表面有许多连绵不断而明亮的条纹，以及奇妙的大红斑点。

灵活的大个子

木星是太阳系八大行星中体积和质量最大的。它的质量是其他七大行星总和的 2.5 倍还多，是地球的 317.89 倍，而体积则是地球的 1 316 倍。如果把地球和木星放在一起，就如同芝麻和西瓜之比一样悬殊。

别看木星巨大无比，它可非常灵活呢！木星的自转速度是太阳系中最快的，它的自转周期为 9 小时 50 分 30 秒。高速的自转使得木星并不是正球形的，而是两极扁、赤道鼓的椭球体。

彗星撞击木星的天文奇观

"苏梅克-利维9号"彗星是在1993年3月26日，由科学家苏梅克夫妇与戴维·利维合作发现的第九颗彗星。它以11年左右的周期围绕太阳运动，当它在1992年7月8日离木星最近时，它的彗核被木星引力拉碎成21块，变成了绕木星运动的群体。天文学家经过计算，成功地预测在1994年7月17日至22日之间，这颗彗星的碎块将以每秒60千米的速度，先后撞击至木星背着

地球一面的大
约南纬 44° 的地
方，这可是一次罕见的
天文现象。撞击过程中，在
木星上空出现了爆炸、火球、闪光，
在木星大气中形成了黑斑。这次天体撞
击事件的成功预测，在天文史上留下了辉
煌的一页。

参照教材阅读

了解木星
参照人民教育出版社出版的《小学科学》
六年级下册教材第 60 页

太阳系中最美的行星——土星

　　土星是太阳系中最美丽的行星。它美丽的光环让土星看上去像戴着一顶漂亮的大草帽，优雅动人。中国古代称之为"填星"或"镇星"，罗马神话中则用农神"萨图恩"为它命名。

44

认识土星

土星距太阳的平均距离为 142 940 万千米。

土星的直径为 120 536 千米，是地球直径的 9.5 倍。

土星的自转周期约为 10 小时 14 分。

土星的磁场比地球磁场强千倍，且磁极方向和地球相反。

土星的卫星很多，已经确认的有 62 颗。

土星主要由氢组成，内部的核心包括岩石和冰，外围由数层金属氢和气体包覆着。

土星的大气运动比较平静，表面温度为 −140℃，云顶温度为 −180℃。

土星不"土"

    在八大行星中,土星虽然名为"土"星,但它一点都不"土"。从望远镜里看去,土星好像是一顶漂亮的遮阳帽飘行在茫茫宇宙中。它那淡黄色的、橘子形状的星体四周飘浮着绚烂多姿的彩云,腰部缠绕着光彩夺目的光环,远远望去真像个戴着顶大檐遮阳帽的女郎。这样看来,土星可算是太阳系中最美丽的行星了。

土星美丽光环的秘密

你一定很好奇土星美丽又壮观的光环是怎么一回事吧？

土星的光环成千上万，它所有的光环都由固体组成，主要是大小不等的碎块颗粒。它们大小相差悬殊，大的有几十米，小的甚至不过几厘米，或者更小。它们的外面包着一层冰壳，经过太阳光的照射后，就形成了美丽动人的光环。

参照教材阅读
了解土星
参照人民教育出版社出版的《小学科学》
六年级下册教材第 60 页

访问土星的使者

　　1973 年 4 月 6 日，美国"先驱者 11 号"宇宙飞船飞向太空，探索木星和土星。直到 20 个月后，也就是 1974 年 12 月，"先驱者 11 号"才飞近木星。在获取了大量关于木星的信息后，它改变飞行方向，向土星飞去。这就是人类第一次对土星的访问。1979 年 9 月 1 日，"先驱者 11 号"对土星进行了近距离的探索，并为我们发回了大量的图片和数据。

躺着走路的天王星

1781 年 3 月 13 日，威廉·赫歇尔爵士通过望远镜发现了一颗行星，它就是天王星。从此，太阳系中又增加了一名新的成员。

认识天王星

按距离太阳的远近次序，天王星为第七颗行星。它与太阳的平均距离为 28.69 亿千米。

天王星的直径为 51 800 千米，它的质量是地球的 14.5 倍。

天王星上大气的主要成分是氢和氦，还包含较高比例的由水、氨、甲烷等结成的"冰"，与可以探测到的碳氢化合物。

天王星是太阳系内大气层最冷的行星，最低温度达到 -224℃。

一个颠倒的行星世界

天王星的公转轨道是一个椭圆，轨道半径长为29亿千米，它以平均每秒6.81千米的速度绕太阳公转，公转一周要84年，自转周期则短得多，仅为15.5小时。

在太阳系中，基本上所有的行星的自转轴与公转轨道面都接近垂直，只有天王星例外，它的自转轴几乎与公转轨道面平行，赤道面与公转轨道面的交角达97度55分，也就是说，它差不多是"躺"着绕太阳运动的。于是有些人称天王星为"一个颠倒的行星世界"。

奇特的海洋

科学家们由"旅行者2号"的探测结果推测，天王星上可能有一个深达10 000千米的海洋。这个海洋和地球上我们常说的海洋很不一样。天王星上的海洋是由水、硅、镁、含氮分子、碳氢化合物及离子化物质组成的，它的温度高达6 650℃。这样高的温度，海洋却没有沸腾、蒸发，是因为天王星上巨大而沉重的压力，使得海洋中的分子紧靠在一起，保持着液态。

参照教材阅读

了解太阳系：天王星
参照人民教育出版社出版的《小学科学》
六年级下册教材第 60 页

计算出来的行星——海王星

海王星是继天王星之后发现的新行星。但与天王星不同，海王星是计算出来的行星，这到底是怎么回事呢？

52

海王星的发现

发现天王星之后不久，人们在仔细研究它的运行轨道时，发现天王星的运动与计算的结果总不相符。于是，有人大胆预言，在天王星之外很可能存在一颗未知行星，是它的引力使天王星的运动受到干扰。

终于，1846 年 9 月，法国巴黎天文台的勒维耶得出了未知行星的正确结果。23 日，柏林天文台根据勒维耶的预报，找到了这颗新行星——海王星。

认识海王星

海王星距太阳的平均距离约 45 亿千米，是太阳系的第八颗行星。它以 5.4 千米／秒的速度绕太阳公转，公转周期为 165 年，自转周期是 16.1 小时。

海王星的直径是 49 500 千米，和天王星相近。海王星的大气活动强烈，有时最大风速可达 320 千米每秒。

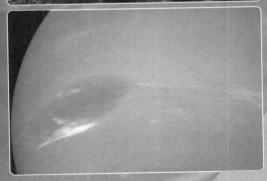

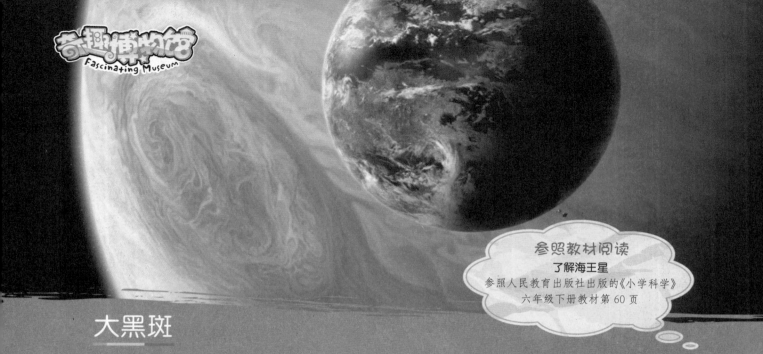

参照教材阅读
了解海王星
参照人民教育出版社出版的《小学科学》
六年级下册教材第 60 页

大黑斑

　　在海王星的南半球上有一个卵形的大黑斑，黑斑东西长约 12 000 千米，南北宽约 8 000 千米，除颜色外，其大小、形状和相对位置都和木星的大红斑相似。据推测，它是深入海王星大气中的高压气旋。

　　1994 年 7 月，"哈勃"空间望远镜观测海王星时，发现南半球的大黑斑不见了，而在北半球出现了一个小黑斑。

被贬的冥王星

冥王星距太阳远，距地球也比较远，加上发现时间短，人们对它的了解还很少。它曾经是太阳系九大行星之一，但后来被降格为矮行星。

冥王星的发现

天文学家在推算并找到海王星以后，很快发现海王星与天王星一样旋转很不规则，便自然想到还有一颗行星隐藏在它们附近。20世纪之初，美国天文学家洛威尔计算出了这个未知行星的运行轨道，却没有观察到它。到 1930 年 2 月 18 日，一个叫汤博的天文学家在星象照片上发现有一颗星在众星之间不断移动，因为只有行星才会移动，汤博很快断定这正是洛威尔计算出的那颗行星，后来将其命名为冥王星。

认识冥王星

冥王星与太阳的平均距离为59亿千米。它的直径2 300千米，平均密度0.8克每立方厘米。

冥王星的公转周期约248年，自转周期6.387天。它的表面温度在-220℃以下，表面可能有一层固态的甲烷冰。暂时发现有四颗卫星。

寒冷的星球

如果从冥王星上望太阳，也是一个耀眼的小光点，所以它接收不到太阳的光和热，至多只能得到地球所得到热量的几万万分之一，因此冥王星是一颗寒冷黑暗的星球。

近年来人们还发现，冥王星的卫星的转动周期与冥王星的自转周期相同，都是6天9小时，是迄今发现的唯一的一颗天然同步卫星。如果从冥王星上观察这颗卫星，便是一颗不动的星星。

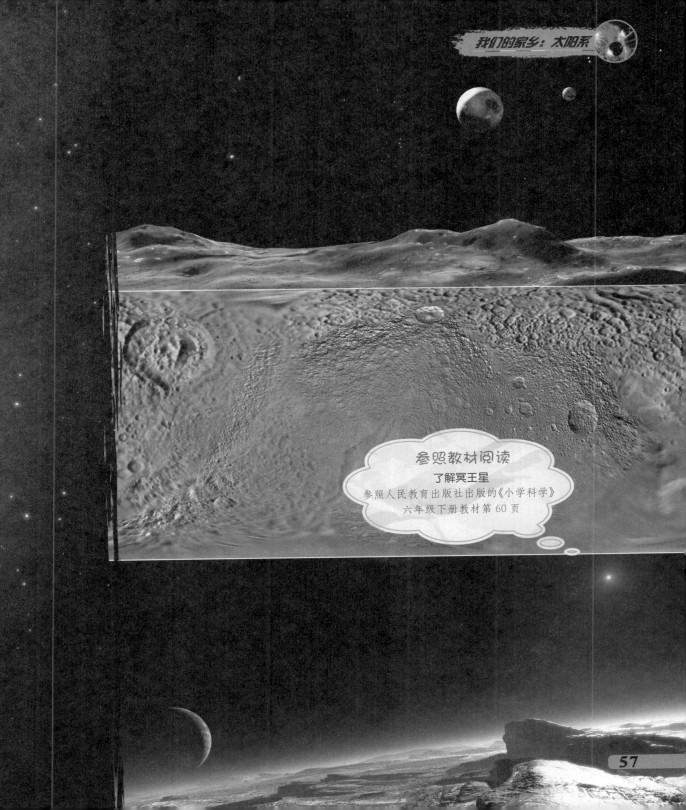

参照教材阅读
了解冥王星
参照人民教育出版社出版的《小学科学》
六年级下册教材第 60 页

罕见的九星会聚

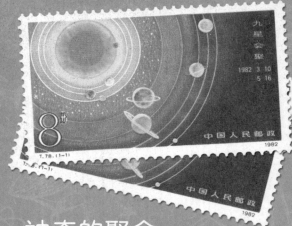

1982 年，我国发行了一枚名为"九星会聚"的邮票。邮票上绘制着 1982 年 3 月 10 日和 5 月 16 日太阳系的九大行星奇迹般地运行到太阳同一侧一个角度不大的扇形画面的壮观景象。"九星会聚"是个难得的观测良机，用探测器可以同时观测地球之外的八大行星（当时冥王星仍被认为是行星）。

神奇的聚会

有人认为，"九星会聚"会加剧对地球的引潮力，从而引发地震和洪水暴发。但据科学测算，八大行星对地球的引潮力的总和，只有太阳引潮力的 5/100 000。而自公元前 780 年以来，人类已经历了 25 次九星会聚，却从未见到因此而造成的"毁灭性的灾难"。据天文观测证明，九星会聚会对太阳活动有一定影响，比如 1982 年九星会聚时，太阳黑子增多、活动加剧，太阳风增强。

　　九星会聚的天象是不多见的。据记载，1803年曾发生过一次，相隔179年后，1982年才重现。据测算，大约在375年之后，即2357年才会出现下一次"九星会聚"。

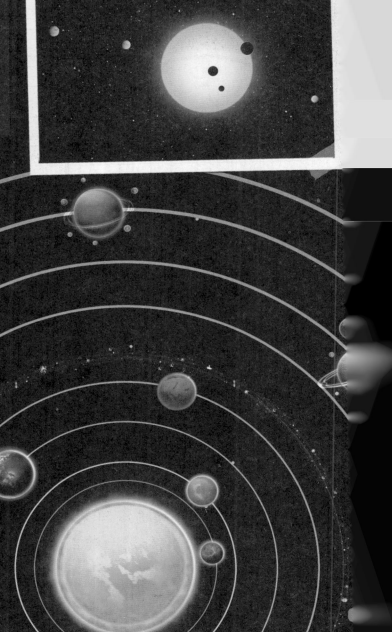

五星会聚

其实，我国古代曾经有过五星会聚的记载。因受当时科学技术不发达的局限，人们用肉眼只能看到五星：水星、金星、火星、木星、土星。史书上曾记载："汉高祖入咸阳，五星高照。"说的就是公元前206年10月的天象，当时正值刘邦进军咸阳。

当然，我们现在知道"五星会聚"只是一种自然天象，与刘邦攻进咸阳毫不相干，而古人却把"五星会聚"看作是一种吉祥的征兆了。

太阳系中的小行星

小行星是什么？它就像是太阳系里的小朋友。和八大行星比起来，它们是渺小的，但是，也正是因为这些小行星的存在，才使得太阳系更加热闹了！

认识小行星

在太阳系中，除了八颗大行星以外，还有成千上万颗我们肉眼看不到的小天体，它们像八大行星一样，沿着椭圆形的轨道不停地围绕太阳公转。与八大行星相比，它们好像是微不足道的碎石头。这些小天体就是太阳系中的小行星。

小行星的由来

当 1804 年第三颗小行星被发现后，一位德国科学家就假设，火星和木星之间原来存在一个大行星，后来不知什么原因爆炸了，已经发现的三颗小行星就是它爆炸后的三块大碎片。他预言一定还有许多小行星存在。

再后来，关于小行星起源的假设又有了新的进展。新的观点认为，小行星有与大行星一样的形成过程，是从同一块原始星云中脱胎而出的，只是大行星发育比较完全，小行星由于各种原因中途"流产"了，未能发育完全。这些假设都从某些方面解释了小行星的起源，但又都存在很多问题。

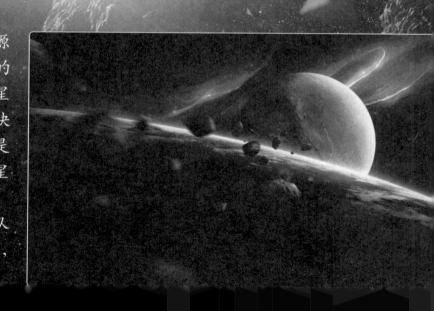

现在，越来越多的天文学家认为：小行星的起源是太阳系起源问题中不可分割的一环。这些小天体是太阳系中珍贵的"化石"，它们记载着行星形成初期的信息。

参照教材阅读

了解太小行星

参照人民教育出版社出版的《小学科学》六年级下册教材第 61 页

到处流浪的彗星

彗星还有另外一个名字，就是"扫把星"。因为彗星有着长长的"尾巴"，远远看上去就像一个大扫把，所以古人把它称为"扫把星"。

以前，人们视"扫把星"为不吉利的星。实际上，这是对科学的误解。现在，让我们看一下彗星的真面目吧！

认识彗星

　　彗星是在扁长轨道（极少数在近圆轨道）上绕太阳运行的一种质量较小的云雾状小天体。彗星的体形庞大，但其质量却小得可怜，就连大彗星的质量也不到地球的万分之一。

　　彗星的轨道有椭圆、抛物线、双曲线三种。椭圆轨道的彗星又叫周期彗星，另两种轨道的又叫非周期彗星。周期彗星又分为短周期彗星和长周期彗星。

彗星的"尾巴"

彗星一般由彗头和彗尾组成。彗头包括彗核和彗发两部分，有的还有彗云。但并不是所有的彗星都有彗核、彗发、彗尾等结构。由于彗星是由冰冻着的各种杂质、尘埃组成的，在远离太阳时，它只是个云雾状的小斑点；而在靠近太阳时，因凝固体的蒸发、汽化、膨胀、喷发，它就产生了彗尾。

神奇的哈雷彗星

　　1682年8月，英国格林威治天文台的第二任台长爱德蒙·哈雷，在对1680年出现的一颗大彗星研究后，开始对彗星产生兴趣。从1695年开始，哈雷对彗星的轨道做了大量细致的研究。当时的科学巨人牛顿认为彗星的轨道是抛物线，而哈雷则认为也可能是椭圆的，这样就有可能在相同的时间间隔看到同一颗彗星。他发现，1456年、1531年和1607年的彗星以及1682年他亲自观测到的彗星，都是沿着相同的轨道穿过天空，所以他认为这可能是同一颗彗星，每隔75年或76年才能靠近地球和太阳一次。哈雷还预测，这颗彗星将于1758年再次返回近日点。他虽然没有机会再次看到这颗彗星，但1759年这颗彗星果真如约而至，只比他预言的时间晚一年。因此，这颗特殊的彗星也被命名为"哈雷彗星"。哈雷彗星最近一次光顾地球上空是在1986年，现在的少年和青年在50年后，或许还可一睹哈雷彗星的容颜。

一划而过的流星

我们常常说"对着流星许下个心愿"，中国古代把流星看作是名人逝世的天象昭示，"一代巨星陨落"就是由此而来的。那么，到底流星是什么样的呢？又有什么特殊含义呢？

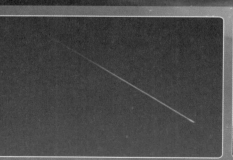

认识流星

　　流星其实是指那些运动在星际空间的一些很小的固体物质，当它们运行到地球附近的时候，由于受到地球引力的作用，进入到地球的大气层中，会以每秒十几至几十千米的速度和大气摩擦燃烧，划过天际。

　　流星有单个流星、火流星和流星雨几种。

流星雨

　　当许许多多细小天体尘粒进入大气层，形成如同下雨一般的壮丽景观，这种状况叫流星雨。流星雨的产生，是彗星接近太阳，强烈的太阳光把彗星母体所含的冰融化，变成水蒸气，水蒸气带着尘埃朝四面八方喷射出来。一部分形成彗尾，另一部分则进入地球的大气层，与大气层发生强烈摩擦，形成如雨流般的流星雨。

参照教材阅读

了解流星
参照人民教育出版社出版的《小学科学》
六年级下册教材第 61 页

流星雨的名称由来

　　流星雨的名称来源于彗星喷发时喷射点所处的星座名称，我们常见的有狮子座流星雨、双子座流星雨、仙女座流星雨。其中，狮子座流星雨产生的彗星叫坦普尔坦特彗星，这颗彗星每隔 33 年运行到太阳附近一次。每当它距离太阳最近，又恰好在地球的运行轨道上时，它所猛烈喷发的颗粒便正巧迎上地球。这样，每小时几千颗到十几万颗的流星，在与地球大气层摩擦时，便发出强烈的光芒，从而形成壮丽的流星雨景观。

@陈海霞

从天而降的陨石

　　陨 [yǔn] 石是地球以外未燃尽的宇宙流星脱离原有运行轨道，成碎块散落到地球或其他行星表面的石体，是从宇宙空间落到某个地方的天然固体，也称"陨星"。

陨石是一种天文现象

其实陨石是一种天文现象。太阳系中小行星或行星间的固体物质及尘粒，以每秒30千米～60千米或更大的速度闯入地球的大气层中时，由于和大气飞快摩擦，巨大的动能转化为巨大的热能，发生燃烧。那些体积小的固体物质和尘粒，在进入大气层后，很快燃烧完毕，在夜空中呈现一道白光，一闪即逝，这就是"流星"。如果在天空中某一区域，流星像雨点那样频繁出现，我们就称它为"流星雨"。若再有体积较大的，在大气层中来不及全部烧为灰烬，落到地面，即为"陨石"。陨石大致可分为三种类型：石陨石、陨铁、陨铁石。

人类对陨石的认识

　　世界上最早有陨石记载的
国家是中国和埃及，但是知道它
是由流星落地变成的却只有中国。
《春秋》中记载，公元前645年12月24
日，有5块陨石落在河南商丘城北。这种
认识比欧洲早了2 000多年。

　　1790年7月24日，一块陨石落到法国南部的朱里
亚克，当地老百姓用铁链把它锁在一个教堂门口的大圆柱上示
众。市长和300多名老百姓联名给法国科学院写了一封信，告
诉他们"捉到一块天外来石"。当时的法国科学院嘲笑他们：
"既然天上能掉下石头，那么，当然也能掉下5吨牛奶，说不
定还会再加100块味道极好而且带血的牛排。——这不是荒唐
可笑吗？"直到1803年，法国科学院才相信陨石的存在。

最壮观的陨石雨

　　20 世纪最壮观的一次陨石雨，是 1976 年 3 月 8 日下午 3 时，散落在我国吉林省吉林市的大陨石雨。那天下午，先是出现一个大火球，很快就变成三个，二大一小，相随向西飞行。有 100 多万人听到火球发出的霹雳巨响，接着发生爆炸，大小石头纷纷下坠，散落在 72 千米长、8.5 千米宽的地带，面积有 500 平方千米。这是现在世界上分布面积最大的一次陨石雨，共收集到 100 多块陨石，总质量达 2 700 多千克。最大的一块陨石是"吉林 1 号"，重 1 770 千克。

2 走出太阳系

神秘而灿烂的银河系

在晴朗的夜空下，当你抬头仰望天空的时候，天空会呈现出一条明亮的光带。光带上会夹杂着许多闪烁的小星星，看起来像一条银白色的河，这就是银河。

银河系是太阳系所在的恒星系统，包括1200亿颗恒星和大量的星团、星云，还有各种类型的星际气体和星际尘埃。它的总质量是太阳质量的1 400亿倍。

认识银河

　　银河系的外形是一个中间厚、边缘薄的扁平盘状体。银河系的主要物质都密集在这个盘状结构里，称为银盘。银盘是银河系的主体，从正面看犹如急流中的旋涡形，从侧面看类似一个投掷的铁饼。银盘外面由稀疏的恒星和星际物质组成一个球状体，包围着银盘，这个球状体叫银晕 [yùn]，银晕直径约10万光年。银河系中心，称为银心，为一个球状体，这个球状体有剧烈的活动，有大量气体从银心向外扩张着。

银河系的年龄

据多种方法测定，从宇宙大爆炸算起，宇宙的年龄在 140 亿岁左右。但依据欧洲南方天文台(ESO)的研究报告，估计银河系的年龄约为 136 亿岁，差不多与宇宙一样老。而由天文学家 Luca Pasquini 等人所组成的团队在 2004 年使用甚大望远镜(VLT)的紫外线视觉矩阵光谱仪进行的研究时，首度在球状星团 NGC 6397 的两颗恒星内发现了铍元素。这个发现让他们将第一代恒星与第二代恒星交替的时间往前推进了 2 亿至 3 亿年，并以此估计球状星团的年龄在 134 亿岁，因此银河系的年龄不会低于 136 亿岁。

关于银河系的传说

中国古代，人们视银河为天河，并把注意力扩大到河东的牛郎和河西的织女两个星座，由此想象创作出牛郎与织女爱情的故事。

可是那么美好的爱情，中间偏偏出现个王母娘娘从中作梗，用发簪 [zān] 划出一道银河来阻碍他们相见。使他们只能在每年的农历七月初七这一天通过喜鹊帮他们搭成的鹊桥来相会。

因为这段感人的爱情故事，使得每年的七月初七这一天成为了我们中国人心中的"情人节"，也被称为"乞巧节"，简称"七夕"。

81

宙斯是希腊神话里的主神，他的妻子赫拉是婚姻和家庭之神。赫拉的乳汁和唐僧肉具有相同的效力，谁吮吸了她的奶汁，便会长生不老。宙斯希望他的"私生子"赫拉克勒斯能长生不老，就偷偷地把赫拉克勒斯放在睡着的赫拉身旁，让赫拉克勒斯吮吸赫拉的乳汁，谁知赫拉克勒斯惊醒了赫拉，她发现吃奶的不是自己的儿子，便一把将孩子推开。由于用力过猛，乳汁直喷到了天上，便成了银河。

是谁揭开了银河系的面纱?

1750 年，英国天文学家赖特发表了《宇宙的新理论》一书。他根据银河状况，推测恒星系统的空间分布不是在所有方向都是对称的，很可能是扁平的，而银河可能是这个扁平的恒星体系在长轴方向上的星群密集外观。赖特是最早认识银河和银河系的人。

1927 年，荷兰天文学家奥尔特证明，我们所在的巨大的恒星系统——银河系确实在绕中心自转，同时说明银河系的整体不是固体。因此，越靠近中心，自转越快，银河系边缘自转缓慢。

参照教材阅读
了解宇宙知识：银河
参照人民教育出版社出版的《小学科学》
六年级下册教材第 73 页

"不动"的恒星

晴天的夜里，我们抬起头可以看到许多闪闪发光的星星，它们绝大多数是恒星，因为恒星是像太阳一样能自己发光发热的星球。

恒星的数量

我们银河系内就有 1 000 多亿颗恒星。由于恒星离我们太远，如果不借助于特殊工具和方法，很难发现它们在天上的位置变化，因此古代人把它们认为是固定不动的星体。我们所处的太阳系的主星太阳就是一颗恒星。

恒星都是气体星球。晴朗无月的夜晚，一般人用肉眼大约可以看到 6 000 多颗恒星。借助于望远镜，则可以看到几十万乃至几百万颗以上。科学家估计银河系中的恒星大约有 1 500 ～ 2 000 亿颗。

恒星的亮度

    恒星的亮度由两个因素决定：发光度——恒星在特定时间内所发出的能量；距离——恒星与地球之间的距离。发光度还同恒星的大小有关，恒星越大，它发出的能量就越多，恒星也就越亮。恒星的燃烧方式是氢聚变为氦。较大恒星的核心温度通常要更高一些。因此，较大恒星核中心的氢燃料燃烧得较快，而较小恒星核中心的氢燃烧速度较慢。它们在主序上存在的时间取决于氢燃料烧完所用的时间。因此，大质量恒星的寿命较短（太阳将燃烧约100亿年）。

恒星的一生

　　恒星来自于星云团。一些由气体和尘埃组成的星云团在外界的干扰下经过一系列的收缩、分裂过程形成最原始的——原恒星。接下来，恒星的"青年时代"——主序星阶段开始了，这一阶段占据了它整个寿命的90%。在这段时间，恒星以几乎不变的恒定光度发光发热，照亮周围的宇宙空间。接着，恒星将变得动荡不安，变成一颗红巨星。然后，红巨星将在爆发中完成它的全部使命，把自己的大部分物质抛射到太空中，留下的残骸，也许是白矮星，也许是中子星，甚至黑洞……

　　就这样，恒星来之于星云，又归之于星云，走完它辉煌的一生。

参照教材阅读
了解宇宙知识：恒星
参照人民教育出版社出版的《小学科学》
六年级下册教材第 73 页

天上的星星有多少？

人们总是说天上的星星数不清，其实，凡是用肉眼能看见的星星，还是可以数得清的。

据天文学家计算的结果：0 等星 6 颗，1 等星 14 颗，2 等星 46 颗，3 等星 134 颗，4 等星 458 颗，5 等星 1 476 颗，6 等星 4 840 颗……总共不超过 7 000 颗。

如果我们借助望远镜，情况就不同了，哪怕用一台小型天文望远镜，也可以看到 5 万颗以上的星星。现代最大的天文望远镜能看到 10 亿颗以上的星星。

亲密不分的双星

认识双星

如果用望远镜观测星空，常常可以看到一些恒星两两成双靠在一起。当然，这其中很多只是透视的结果，实际上两颗星相距很远，只是都在一个视线方向上罢了。可是，天文学家发现，两颗星之间有力学上的联系，相互环绕转动。这样的两颗恒星，我们称它们为双星。

双星是恒星世界的普遍现象，在恒星世界中所占的比例是很大的，是规模最小的恒星集团。我们把组成双星的两颗恒星都称为双星的子星。其中较亮的一颗，称为主星；较暗的一颗，称为伴星。主星和伴星亮度有的相差不大，有的相差很大。双星的颜色五彩缤纷，双星的两颗子星又双双争艳。双星的主星质量有比伴星大的，也有比伴星小的。从双星的子星分类来看，五花八门，有的子星是爆发变星或脉动变星，还有的是白矮星或中子星，甚至有可能是黑洞。有的双星包含在聚星之中。

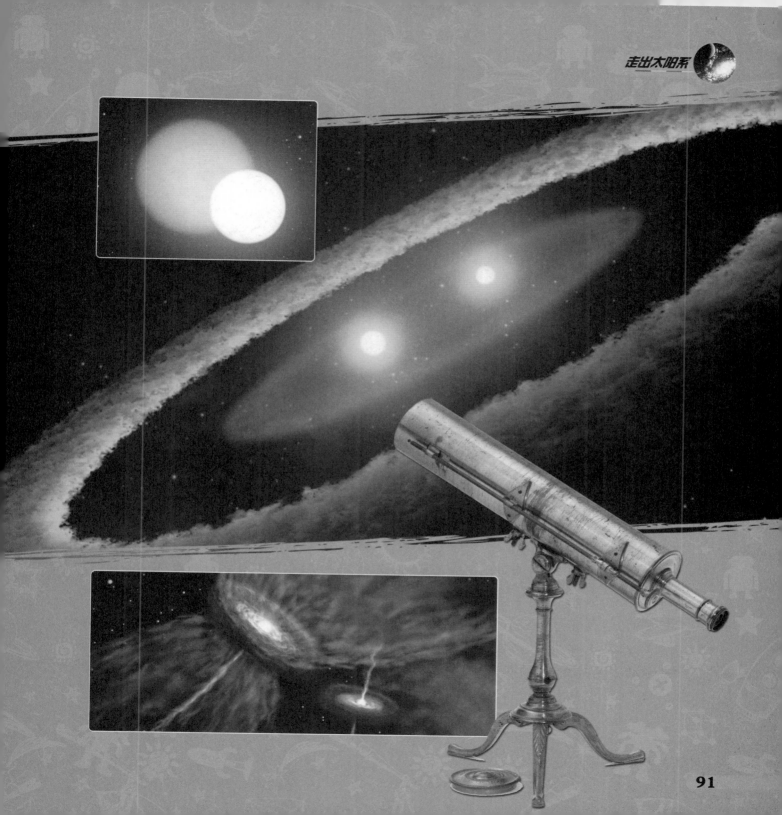

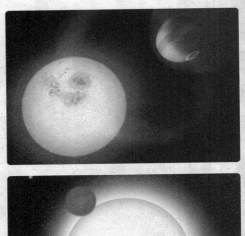

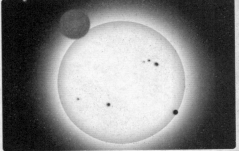

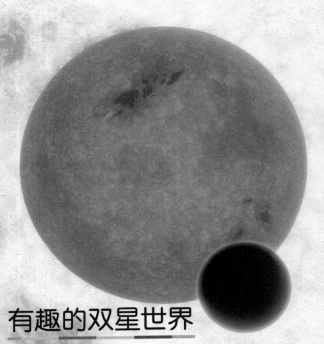

有趣的双星世界

　　有许多双星，子星的距离很近，即使用现代最大的望远镜，也不能把子星区分开。但是，天文学家用分光方法得到的光谱，可以发现它们是两颗恒星组成的。有的双星在相互绕转时，会发生类似日食的现象，从而使这类双星的亮度周期性地变化。还有的双星，不但相互之间距离很近，而且还会有物质从一颗子星流向另一颗子星，这可真是不分彼此！

聚星

　　除了双星外，还有两颗以上恒星组成的聚星，如三颗星组成的三合星，四颗星组成的四合星，等等。双星在太阳附近（81.5光年）的区域内，就约有40%。太阳周围5.2秒差距（秒差距是天文学上常用的距离单位，1秒差距等于3.26光年）内共有恒星60颗（包括太阳），其中32颗单星、11对双星（22颗）、2组三合星（6颗），所以双星和聚星的子星颗数占总数的46%。

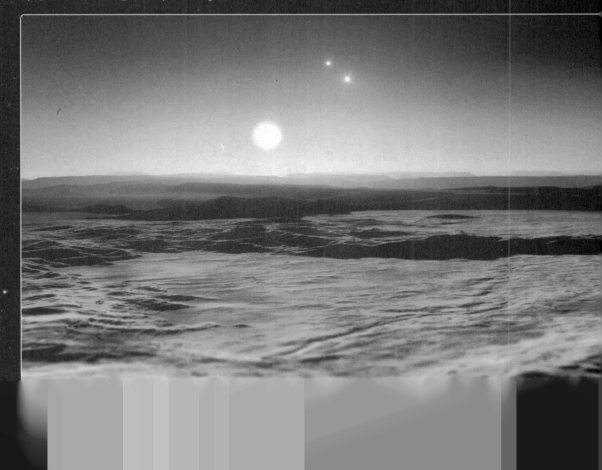

涅槃重生的超新星

有时候，遥望星空，你可能会惊奇地发现：在某一星区，出现了一颗从来没有见过的明亮星星！然而仅仅过了几个月甚至几天，它又渐渐消失了。这种"奇特"的星星叫作"新星"或者"超新星"。

重生的"超新星"

　　新星和超新星是变星中的一个类别。人们看见它们突然出现，曾经一度以为它们是刚刚诞生的恒星，所以取名叫"新星"。它们不但不是新生的星体，相反，而是正走向衰亡的老年恒星。其实，它们就是正在爆发的红巨星。当一颗恒星步入老年，它的中心会向内收缩，而外壳却朝外膨胀，形成一颗红巨星。红巨星是很不稳定的，总有一天它会猛烈地爆发，抛掉身上的外壳，露出藏在中心的白矮星或中子星。

在大爆炸中，恒星将抛射掉自己大部分的质量，同时释放出巨大的能量。这样，在短短几天内，它的光度有可能将增加几十万倍，这样的星叫"新星"。如果恒星的爆发再猛烈些，它的光度增加甚至能超过1 000万倍，这样的恒星叫作"超新星"。

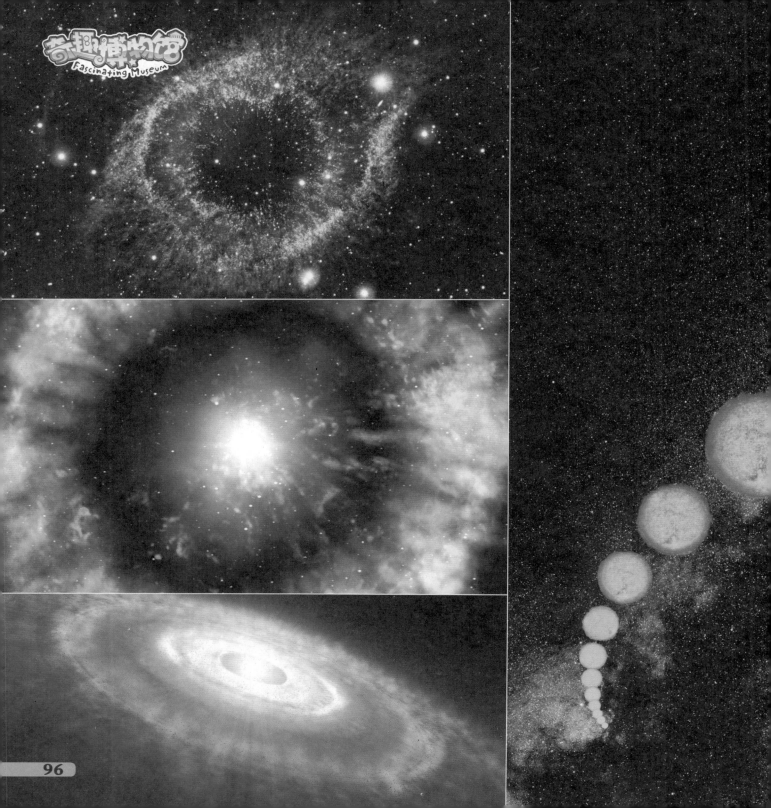

超新星大爆发

　　超新星爆发的激烈程度是让人难以置信的。据说它在几天内倾泻的能量，就像一颗青年恒星在几亿年里所辐射的那样多，以至于它看上去就像一整个星系那样明亮！

　　新星或者超新星的爆发是天体演化的重要环节。它是老年恒星辉煌的葬礼，同时又是新生恒星的推动者。超新星的爆发可能会引发附近星云中无数颗恒星的诞生。另一方面，新星和超新星爆发的灰烬，也是形成别的天体的重要材料。比如说，今天我们地球上的许多物质元素就来自那些早已消失的恒星。

金牛座中的超新星

　　历史上最有名的超新星要数 1054 年出现在金牛座中的那颗了，关于这颗超新星，中国宋史中有详细的记载："至和元年五月，晨出东方，守天关，昼见如太白，芒角四出，色赤白，凡见二十三日。"这是指公元 1054 年 7 月 4 日早晨 4 点多，在金牛座天关星附近看到的超新星，它开始的亮度和金星亮度差不多，经过 23 天，又慢慢暗下去了。

天体中的"婴儿"

　　1731 年，一位英国天文爱好者在这个位置上观测到一个畸[jī]形天体，它的外形似螃蟹，被叫作蟹状星云。可想而知，这个蟹状星云就是 1054 年那颗超新星爆发抛出的物质。它是一个不满千岁的天体，是天体中的"婴儿"。

宇宙中的隐形魔怪——黑洞

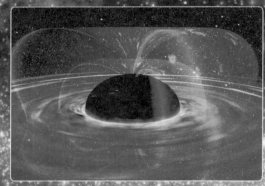

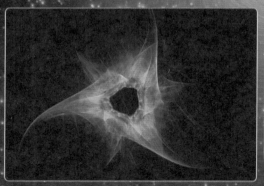

　　宇宙中的"黑洞"对于人们来说，一直是非常神秘和神奇的。黑洞，并不是表面上"大黑窟窿"的意思。实际上，"黑洞"是一种天体，它的引力场非常之强，就连光也不能逃脱出来。

看不见的"洞"

　　根据广义相对论，引力场将使时空弯曲。当恒星的体积很大时，它的引力场对时空几乎没什么影响，从恒星表面上某一点发的光可以朝任何方向沿直线射出。而恒星的半径越小，它对周围的时空弯曲作用就越大，朝某些角度发出的光就将沿弯曲空间返回恒星表面。等恒星的半径小到一特定值（天文学上叫"史瓦西半径"）时，就连垂直表面发射的光都被捕获了。到这时，恒星就变成了黑洞。说它"黑"，是指它就像宇宙中的无底洞，任何物质一旦掉进去，"似乎"就再不能逃出。实际上黑洞真正是"隐形"的。

黑洞的 "隐身术"

　　黑洞有 "隐身术"，人们无法直接观察到它，连科学家都只能对它内部结构提出各种猜想。那么，黑洞是怎么把自己隐藏起来的呢？答案就是——弯曲的空间。可是根据广义相对论，空间会在引力场作用下弯曲。这时候，光虽然仍然沿任意两点间的最短距离传播，但走的已经不是直线，而是曲线。形象地讲，好像光本来是要走直线的，只不过强大的引力把它拉得偏离了原来的方向。在地球上，由于引力场作用很小，这种弯曲是微乎其微的。

　　而在黑洞周围，空间的这种变形非常大。这样，即使是被黑洞挡着的恒星发出的光，虽然有一部分会落入黑洞中消失，可另一部分光线会通过弯曲的空间中绕过黑洞而到达地球。所以，我们可以毫不费力地观察到黑洞背面的星空，就像黑洞不存在一样，这就是黑洞的隐身术。

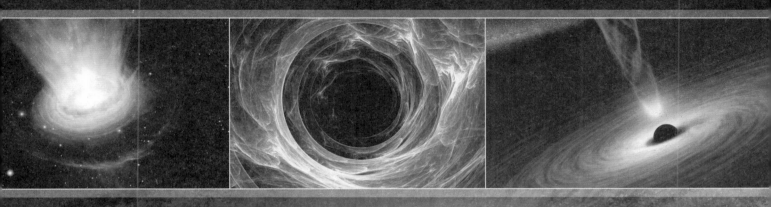

白洞是黑洞的另一面吗?

　　白洞可以说是时间呈现反转的黑洞，进入黑洞的物质，最后应会从白洞出来，出现在另外一个宇宙。由于具有和"黑洞"完全相反的性质，所以叫作"白洞"。它有一个封闭的边界。聚集在白洞内部的物质，只可以向外运动，而不能向内部运动。因此，白洞可以向外部区域提供物质和能量，但不能吸收外部区域的任何物质和辐射。白洞是一个强引力源，其外部引力性质与黑洞相同。白洞可以把它周围的物质吸积到边界上形成物质层。白洞学说主要用来解释一些高能天体现象。目前天文学家还没有实际找到白洞，"白洞"还只是个理论上的名词。

认识宇宙尘埃

当宇宙存在仅有7亿年的时候，许多星系便充满了大量宇宙尘埃。那么，宇宙中的这些尘埃是怎么产生的呢？

认识宇宙尘埃

　　宇宙尘埃指的是飘浮于宇宙间的岩石颗粒与金属颗粒。在广袤而空旷的宇宙之间，除去各种各样的恒星、大行星、彗星、小行星等等天体之外，并不是一片完全的真空。从物质上进行分析，宇宙尘埃其实和组成地球的成分没有什么区别。但出于种种原因，这些尘埃并未能够聚合成一颗星体，而是呈微粒状悬浮于宇宙空间之中。

　　在适当的引力作用下，这些尘埃很有可能较为密集的聚集在一起。这些宇宙尘埃在落到地球上之前，是星际尘埃的一部分。由于它们反射太阳光线，形成了黄道光的模糊光带。在几百万年的时间内，尘埃颗粒不断向太阳旋转前进，并不断从小行星带得到补充。

宇宙尘埃的种类

　　宇宙尘埃，大致有三种类型：一种外表颜色呈黑色或褐黑色，外表光亮耀眼，极像一颗颗发亮的小钢球；第二种是暗褐色或稍带灰白色的球状、椭球状、圆角状的小颗粒，主要成分为氧、硅、镁、钙、铝等；第三种是一些无色或淡绿色的玻璃球，主要成分为二氧化硅，还含有少量的二价氧化物。

宇宙尘埃的重大影响力

　　这些看上去很美丽的尘埃对我们的生活有着相当直接的影响。比如说，据统计，宇宙尘埃是地球上的第四大尘埃来源，这些尘埃对地球的环境与气候都造成了重要的影响。每一小时都会有约一吨重的宇宙尘埃进入地球，而仅一片以每小时 10 万千米的速度绕太阳旋转的尘埃云每年就会给地球带来 3 000 万千克的尘埃。这个数字不可不谓巨大。此外，美国研究人员还编制了可以模拟 120 万年来宇宙尘埃影响地球的计算机程序，用来研究长期内宇宙尘埃对地球的影响。模拟运算的结果表明，宇宙尘埃对地球的影响每十万年可达到一次高峰，而且这些尘埃并没有渐渐消失，而是聚集在地球上，这很可能就是过去自然灾害的源头。古生物学家找到的新证据表明，植物和动物个别种类并非一下子灭绝的，而是逐渐地、慢慢地消亡的，这很有可能就与宇宙尘埃的缓慢作用有关。

云雾天体——星云

星云是一种看来像云雾状的天体，银河系内太阳系以外一切非恒星状的气体尘埃云。星云是宇宙空间中一种美得令人炫目的景色，不少天文爱好者对其情有独钟。纵观宇宙，星云总是显得那么悠闲自在，时而还变化多端、耀眼夺目，把我们的宇宙装饰得美丽不凡。

被误解的星云

　　以前，人们总是把星系和星云弄混。因为那时候天文学者们观测条件有限，没有威力足够大的望远镜将它们区分开来。因此，人们曾一度认为那些长得像旋 [xuán] 涡 [wō] 的云雾状深空天体和猎户座里的大星云属于同一种类。尽管今天我们还是会把某些星系称作星云，但是已经可以很清楚地从本质上把这两类有着明显区别的天体区分开了。

　　刚开始，人们给星云赋予的含义很广，几乎包含了除行星和彗星外的所有延展型天体。但严格意义上讲，星云与星系不同，并不是由大量恒星围绕着一个共同的中心构成的一种大型宇宙天体系统，而主要由飘浮在星际空间的尘埃和气体组成。

　　各种星云从几光年到几千光年大小不同，姿态各异。星云和恒星有着"血缘"关系。恒星抛出的气体将成为星云的组成部分，星云则会在引力作用下压缩成为恒星。在一定条件下，星云和恒星是可以互相转化的。与恒星相比，星云具有质量大、体积大、密度小的特点。即便是一个普通的星云，其直径也大约为20光年，质量至少相当于上千个太阳。

反射星云和发光星云

　　从星云发光的方式来看，我们可以简单地把星云分为两类。一类是反射星云。反射星云本身并不能发光，因为它的主要成分是星际尘埃。它们之所以能被人观察到，主要是由于它们反射了邻近恒星发出的光。因为它们反射的蓝色光较多，因此这类星云通常都呈蓝色。

另一类是发光星云。这类星云大多位于恒星内部或附近区域。虽然这些恒星并不一定都是从这些星云中诞生的，但所有这类星云中的物质都曾受到这些恒星强烈辐射的激发而发出带有颜色的光。由于这类星云的主要成分是氢，而氢受激发时会发出偏红色的光，所以我们看到的这类星云通常呈红色。

事实上，反射星云和发光星云通常都像连体婴儿一般，总喜欢待在一起。因此，我们也把它们统称为"漫射星云"。在这些星云中，通常还会孕育着年轻的恒星。

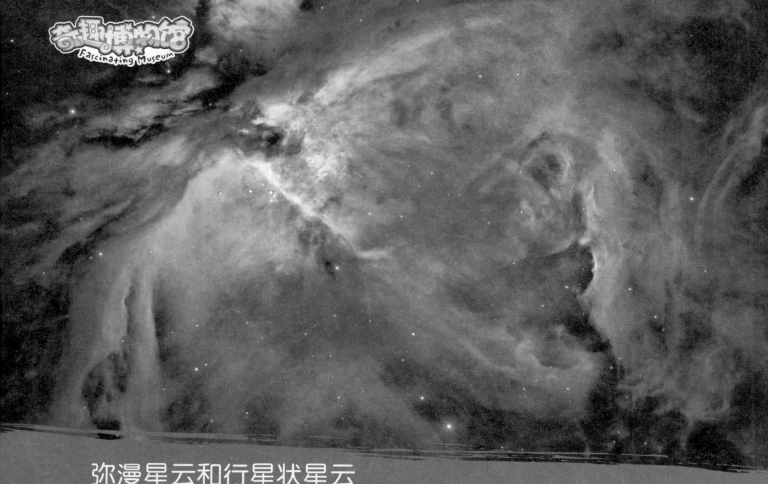

弥漫星云和行星状星云

　　从星云的形态来看，银河系中的星云可以分为弥漫星云、行星状星云等几种。弥漫星云正如它的名称一样，没有明显的边界，它常呈现为一种不规则的形状，它们一般都得通过望远镜才能观测到。它们的直径，则在几十光年左右，而行星状星云实际上指的是一些即将消亡的恒星抛射出的气体外壳。比如，我们每天都可以见到的太阳，它在约50亿年后也可能会产生一个行星状星云。也许有人会认为它的产生与行星有关，其实不是的。它们并没有直接的联系，我们之所以称之为行星状星云，是因为它在小型的天文望远镜中看起来跟一颗行星非常相似。而且，一个典型的行星状星云的跨度一定小于一光年。

千姿百态的星系

在茫茫宇宙中，星星并不是单个杂乱无章地分布着，而是成群汇聚着的，每群中都是由无数颗恒星和其他天体组成的巨大星球集合体，天文学上称这种汇聚在一起的星群为"星系"。

数不胜数的星系

星系在宇宙中数不胜数，天文学家目前发现和观测到的星系可达 10 亿个以上。每个星系大小虽然不同，但都极为庞大，比如，我们的地球所在的太阳系还不被视为一个星系，而只是银河星系的一个部分而已。

截止到目前，人们已经在宇宙中观测到了约1 000亿个星系。它们中有的离地球距离较近，我们可以清楚地观测到它们的结构；而有的则距地球非常遥远，目前我们所知的最远的星系距离地球有将近150亿光年。

多种多样的星系形状

　　星系的形状没有定式，是多种多样的。大致上，我们可以划分出椭圆星系、透镜星系、旋涡星系、棒旋星系和不规则星系等五种。而且，星系在太空中也并不是按照一定的规律均匀分布的，它们往往聚集成团。少则三两成群，多则几十、几百个聚在一起。我们把这种集团称为"星系团"。

　　不过，就宇宙中的所有大星系而言，不规则星系占的比率是最小的，往上是椭圆星系，最多的是旋涡星系。旋涡星系本身自转速度较快，其盘面中含有大量尘埃和气体，这些物质聚集成可以供恒星形成的区域。由于这些区域会发育出含有许多蓝星的旋臂，所以看上去盘面是一种偏蓝的颜色。而在其棒状结构和中央核球上稠密地分布的那些恒星都是很年老的。椭圆星系与旋涡星系相比，它自转得很慢，不过它的结构均匀而对称，也没有旋臂，星系上也没有尘埃和气体。

银河系的两个伴星系

银河系有两个伴星系：大麦哲伦星系和小麦哲伦星系。

大麦哲伦星系是银河系众多卫星星系中，质量最大的一个。距离地球约 179 000 光年，位于剑鱼座方向，平均直径约为 15 000 光年。该星系中没有明显的亮星，超新星 1987A 就是在此星系中爆发的。它是银河系的附属星系，与银河系有引力作用。

小麦哲伦星系是一个环绕着银河系的矮星系，也是肉眼能看见的最遥远天体之一，拥有数亿颗的恒星。它位于杜鹃座，距离我们大约 21 万光年，是银河系的已知卫星星系中第四近邻的星系，仅次于大犬座和天马座矮星系以及大麦哲伦星系。

瞩目的88个星座

天文学家把天空的星星，按区域划分成88个星座。其中，北部天空（以天球赤道为界）有29个星座，南部天空有46个星座，跨天球赤道南北的有13个星座。

关于星座的历史

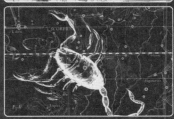

　　星座的历史已有几千年了，不同的民族和地区，有各自不同的星座区分和传说。现在国际通用的88个星座，起源于古代的巴比伦和希腊。

　　大约在3 000多年前，巴比伦人在观察行星的移动时，最先注意的是黄道（太阳在恒星间视运动的轨迹）附近的一些星的形状，并根据它们的形状起名，如狮子座、天蝎座、金牛星座等，都是最早的星座。后又经长期观测，逐渐确立了黄道十二星座。后来，巴比伦人的星座划分传入了希腊。希腊著名的盲诗人荷马的史诗中就提到过许多星座的名称。希腊的星座与优美的希腊神话编织在一起，使星座成为久传不朽的宇宙艺术。

88 个星座

1928 年国际天文学联合会正式公布通用的星座 88 个。它们分别是：

沿黄道天区有 12 个星座：双鱼座、白羊座、金牛座、双子座、巨蟹座、狮子座、室女座、天秤座、天蝎座、人马座、摩羯座、宝瓶座。

北天星座有 29 个：小熊座、大熊座、天龙座、天琴座、天鹰座、天鹅座、武仙座、海豚座、天箭座、小马座、狐狸座、飞马座、蝎虎座、北冕 [miǎn] 座、巨蛇座、小狮座、猎犬座、后发座、牧夫座、天猫座、御夫座、小犬座、三角座、仙王座、仙后座、仙女座、英仙座、猎户座、鹿豹座。

南天星座有 47 个：唧筒座、天燕座、天坛座、雕具座、大犬座、船底座、半人马座、鲸鱼座、蝘座、圆规座、天鸽座、南冕座、乌鸦座、巨爵座、南十字座、剑鱼座、波江座、天炉座、天鹤座、时钟座、长蛇座、水蛇座、印第安座、天兔座、豺狼座、山案座、显微镜座、麒麟座、苍蝇座、矩尺座、南极座、蛇夫座、孔雀座、凤凰座、绘架座、南鱼座、船尾座、罗盘座、网罟座、玉夫座、盾牌座、六分仪座、望远镜座、南三角座、杜鹃座、船帆座、飞鱼座。

春季可观察的星座

大熊座

小狮座

猎犬座

春季的夜晚，我们在天空中可以看到的星座有：大熊座、室女座、狮子座、猎犬座、乌鸦座、巨蟹座等。

大熊座

大熊座的面积大约是 1 280 平方度，在全天星座面积中排名第三，仅次于长蛇座和室女座。位于小熊座、小狮座附近，在天空中与仙后座遥遥相对。

大熊座里最著名的就属北斗七星了，它们位于大熊的尾巴上。从斗身上端开始，到斗柄的末尾，北斗七星按照顺序依次被命名为 α、β、γ、δ、ε、ζ、η，我国古代则分别把它们称作：天枢、天璇、天玑、天权、玉衡、开阳、摇光。如果从"天璇"开始，通过"天枢"向外延伸一条直线，大约延长5倍多些，就可以看到一颗和北斗七星差不多亮的星星，这就是北极星。

狮子座

  狮子座属于黄道星座。由于岁差的缘故，在4 000多年前的每年6月，太阳的视运动都会恰好经过狮子座。

  中国古代非常重视狮子座里的那些星，古人们把它们喻为黄帝之神，称为轩辕。狮子座中最亮的星是狮子座α星，在我国被称为轩辕十四，是全天第二十一亮星。它和大角、角宿一组成了一个等腰三角形，即春季大三角。而古代航海者们经常会用它来确定航船在大海中的位置，因此人们又称狮子座α星为"航海九星"之一。

　　说起狮子座，流星雨一定是不得不提的，毕竟它可称得上是一大奇观！每年的11月中旬，尤其是14、15两日的夜晚，在狮子座反写问号的ζ星附近，都会出现大量的流星。而且，每隔33年，狮子座流星雨就会达到极盛时期。早在公元931年，中国五代时期就已经用文字记录了它极盛时的情景。到了1833年，又一次出现了狮子座流星雨的最盛期，当时狮子座的流星就像焰火一样在ζ星附近爆发，每小时竟然达到了上万颗的流量。简直令人叹为观止！

室女座

　　室女座在黄道星座中也被称为处女座。室女座远远看上去就像一个大写英文字母Y。在室女座的西部，即Y字形区域及其附近集中了大量的河外星系。过去人类还没有认识到河外星系的存在时，将它们统统称作星云，因此室女座还得到了一个"星云王国"的称号。人类认识到河外星系的存在之后，就将这些河外星系组成的庞大的星系集团称作室女座星系团。这个星系团中一共包含了M49、M58等10个星系。

　　室女座堪称全天第二大的星座。虽然它面积很大，但是却并不是很醒目，因为这个星座里面的亮星并不多，整个室女座中就只有一颗亮星角宿一。

猎犬座

　　猎犬座是一个双星系统，它位于夜空中一片星座稍显贫瘠的区域之中，不太容易被找到。在我国，把猎犬座最亮的猎犬座 a 星叫作常陈一。

　　在猎犬座的北面，有一距离我们约 1 400 万光年的旋涡星系——猎犬座星系，还有最美丽的宇宙岛屿 M94。

　　从天文学家为 M94 拍摄的照片我们可以发现，它的外表就像岛屿上有一条显著的尘土小路穿过，上面有颗闪亮的点状星核和一个闪亮的带微蓝色的年轻的环状大质量恒星作点缀，非常美丽。

参照教材阅读

了解星座

参照人民教育出版社出版的《小学科学》
六年级下册教材第 67 页

夏季可观察的星座

夏季的夜晚，我们在天空中可以看到的星座有：天琴座、牧夫座、天蝎座、小熊座、后发座、巨蛇座、海豚座、天鹰座等。

天琴座

天琴座是北天银河中最灿烂的星座之一，因形状犹如古希腊的竖琴而命名。它是古希腊天文学家托勒密列出的 48 个星座之一，也是国际天文学联合会所定的 88 个现代星座之一。虽然天琴座面积不大，但却并不难认，因为它的主星织女星是"夏季大三角"的其中一个顶点。织女星的亮度是太阳的 25 倍，是全天第五亮星。织女星是一颗蓝白色的天体，与地球有 25 光年的距离。在它的周围还有一些比较暗的星星，其中较明显的是位于东南方，由四颗 2 等以下的星构成的小菱形。

小熊座

小熊座与其说像一只小熊，倒不如说像小北斗。小熊座的这个"北斗"不但比大熊座的北斗小很多，也远没有北斗七星那么引人注目。

小熊座不是一个明亮的星座，但是它却因北极星的存在而非常闻名。北极星是小熊座主要的星，是"小熊"的尾巴尖。北极星所在的位置很靠近地球北极指向的天空。因此，从地球上看，它总是在北方天空。不过也正是因为它所处的位置十分重要，才大名鼎鼎。其实，如果真的要按照亮度来排列，它也只是一颗普通的二等星，属于"小字辈"。它离地球有大约400光年的距离，是夜空中能看到的亮度和位置较为稳定的恒星。

牧夫座

　　牧夫座远看上去很像个大风筝，座内有114颗星星都可以用肉眼观察到，但都比较暗弱。

　　星座中最亮的要数大角星，它好似挂在风筝下面的一盏明灯。大角星被誉为"众星之中最美丽的星"，也是北方天空中最亮的三颗恒星之一。我们能看到它浑身散发着橙色的光芒，非常柔和。尤其是每天刚刚升起和将要落下的时候，它的周身更是染上了淡淡的红晕，就像一个美丽而又羞怯的少女。大角星是距离太阳系最近的红巨星之一，它总是不断地向宇宙中抛射物质。它属于光谱变星，质量损失变化率很大。自古以来，世界上很多地区都把大角星当做确定季节和方向的重要恒星之一。在现代天文学中，大角星则被视为照相法和光电法测量视向速度的标准恒星。

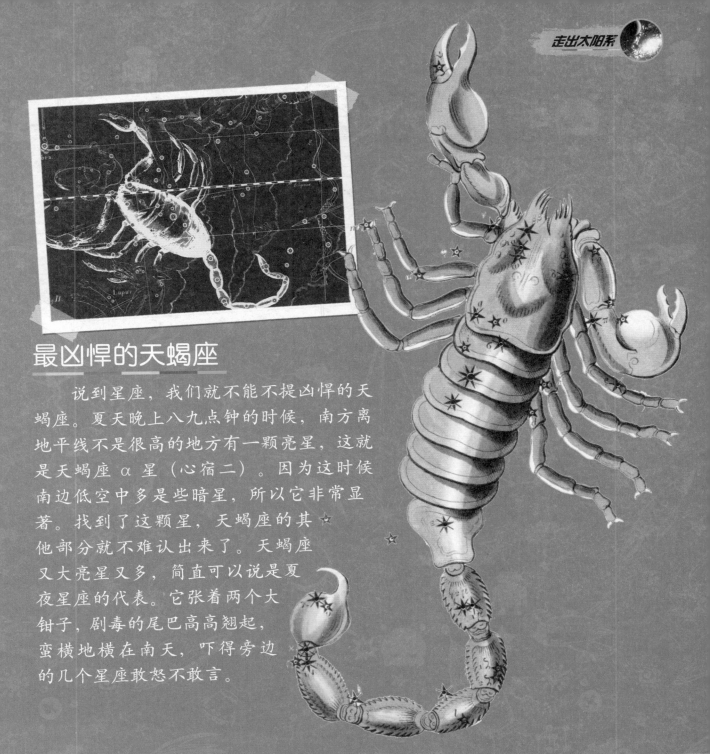

最凶悍的天蝎座

　　说到星座，我们就不能不提凶悍的天蝎座。夏天晚上八九点钟的时候，南方离地平线不是很高的地方有一颗亮星，这就是天蝎座 α 星（心宿二）。因为这时候南边低空中多是些暗星，所以它非常显著。找到了这颗星，天蝎座的其他部分就不难认出来了。天蝎座又大亮星又多，简直可以说是夏夜星座的代表。它张着两个大钳子，剧毒的尾巴高高翘起，蛮横地横在南天，吓得旁边的几个星座敢怒不敢言。

秋季可观察的星座

秋季的夜晚，我们在天空中可以看到的星座有：天鹅座、飞马座、仙女座、仙王座、仙后座、狐狸座、白羊座等。

飞马座

飞马座是北天星座之一，位于仙女座西南，宝瓶座以北。飞马座的星图，最显著的特点就是它的 α、β、γ 三颗星和仙女座的 α 星构成了一个近乎正方形，它被称为"秋季四边形"。这四颗星除 γ 星为 3m 外，其他都是 2m 星，所以这个四边形在天空中非常醒目。飞马座的大四边形是秋季星空中北天区中最耀眼的星象。

 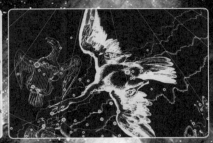

天鹅座

　　天鹅座是北天星座之一。每年9月25日20时，天鹅星座升上中天。夏秋季节是观测天鹅座的最佳时期。有趣的是，天鹅座由升到落真如同天鹅飞翔一般：它侧着身子由东北方升上天空，到天顶时，头指南偏西，移到西北方时，变成头朝下尾朝上没入地平线。

　　天鹅座中的天鹅座α星，在我国古代称为天津四，它和织女星、牛郎星一起，构成了醒目的"夏夜大三角"。

仙女座

　　仙女座是全天 88 星座之一，位于大熊座的下方，飞马座附近。仙女座中最亮的一颗星是仙女座 α 星，它与飞马座 α、β、γ 这三颗亮星共同构成了秋季星空中著名的飞马座四边形。仙女座 γ 星是一颗双星，其中主星是颗橙色星，伴星为黄色星。有趣的是，这颗伴星可以从黄色、金色到橙色、蓝色不断地变换颜色，简直像一个高明的魔术师。

仙后座

　　仙后座靠近北天极，全年都可以观赏到。尤其是秋天的夜晚，仙后座会变得特别闪耀。在星空中，仙后座整晚都不会落下，而且它跟北斗七星相对，是拱极星座，也是指极星座之一。

　　由于仙后座和大熊座分别位于北极星的两侧，因此，这两个星座常被用来寻找北极星。不过，我们却不能同时在天空中看到仙后座和大熊座。当仙后座运行到地平线上方时，大熊座就会沉没在地平线以下；而当仙后座沉没在地平线以下时，大熊座就正好升起。大多数时候，仙后座都会出现在北部天空，因此，在难以找到北斗七星的秋冬季，它就成了人们寻找北极星的重要星座。

金牛座

金牛座也是著名的黄道十二星座之一，每年 11 月 30 日子夜金牛座中心经过上中天。金牛座看上去就像一只双角前伸的公牛，不过它只有上半身。在这只公牛脸部大约位于右眼的地方有一颗红色的亮星，它就是金牛座中最著名的主星毕宿五。毕宿五位于黄道附近，并且它和狮子座的轩辕十四、天蝎座的心宿二、南鱼座的北落师门等四颗亮星在天球中各形成大约 90 度的差度，而这四颗星又正好是每个季节一颗，因而它们又被合称为黄道带的"四大天王"。

金牛座内有一个著名的星团——毕星团，该星团中几颗亮星构成了二十八宿中的毕宿，它也由此得名。

冬季可观察的星座

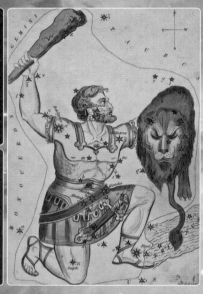

冬季中的夜晚，我们在天空可以看到的星座有：双子座、猎户座、天猫座、小犬座、御夫座、麒麟座等。

猎户座

猎户座，赤道带星座之一，位于双子座、麒麟座、大犬座、金牛座、天兔座、波江座与小犬座之间，其北部沉浸在银河之中。星座主体由参宿四和参宿七等4颗亮星组成一个大四边形，在四边形中央有3颗亮星排成一条直线，就像系在猎人腰上的腰带，在这3颗星下面，还有3颗小星，它们就像是挂在猎人腰带上的剑一般。该星座的整个形象就像是一位雄赳赳的猎人，昂首挺胸，十分壮观，自古以来就一直受人瞩目。在猎户座中隐约可看到一个青白色朦胧的云，这便是天空最壮丽的天体之一——大星云M42。它是由发光气体构成的星云，直径大约为满月的两倍，距离地球约1 500光年，人们仅凭肉眼就能看到。它周围有许多年轻的恒星。如1966年在猎户座星云中发现的黑体温度只有600K，一个可能处于引力收缩中的原恒星——红外星。红外星的半径大约为8倍地球到太阳的距离，质量相当于6个太阳。

小犬座

　　小犬座是赤道带星座之一，星座内只有1颗黄色亮星，即小犬α星，中国叫"南河三"。这颗星呈白色，距地球只有11.4光年的距离，它也是全天第九亮星。小犬座α星是一颗变星，它的伴星是一颗白矮星。小犬座α星与猎户座东北角上的参宿四、大犬座的天狼星共同组成一个等边三角形，被人们称为"冬季大三角形"，在冬季的夜晚十分醒目。

天猫座

　　天猫座是北天星座之一，在大熊座、双子座与御夫座之间。1690年，波兰天文学家赫维利斯为了填补大熊座与御夫座间的空隙而划出的星座。该星座在南方的中纬度外消失，甚至在北方理想的观测件下，它也容易被忽视。

3 人类对宇宙的探索

从热气球开始的飞天梦想

当科技还没有现在这么发达的时候，人们对天空，或者更高、更远的地方充满了各种想象，希望自己也像鸟儿一样，长一双翅膀，飞向更高的地方。热气球是人类飞向太空的一个重要开始。热气球的发明，让人类实现"飞天梦想"迈出了坚实的一步。

热气球的第一批"乘客"

1783年9月19日，法国巴黎华丽的凡尔赛宫前进行了一场别开生面的热气球升空表演。这场表演的两位主角是蒙特哥菲尔兄弟。为了使这次升空更有意义，蒙特哥菲尔兄弟俩还在气球下面挂了一个笼子，笼子里面载着有史以来第一批"空中旅客"——一只羊、一只鸡和一只鸭。接着，蒙特哥菲尔兄弟就开始往热气球下面挂着的热灶里添加羊毛和干草，灶中立刻喷出了一股股热气和浓烟。不一会儿，色彩鲜艳的大气球就鼓了起来，并开始徐徐升空。随着气球的升空，围观的人群爆发出了阵阵欢呼。欢声中，三位"乘客"升到了450米的高空。8分钟后，三位"乘客"在2.4千米以外的一片森林里着陆了。

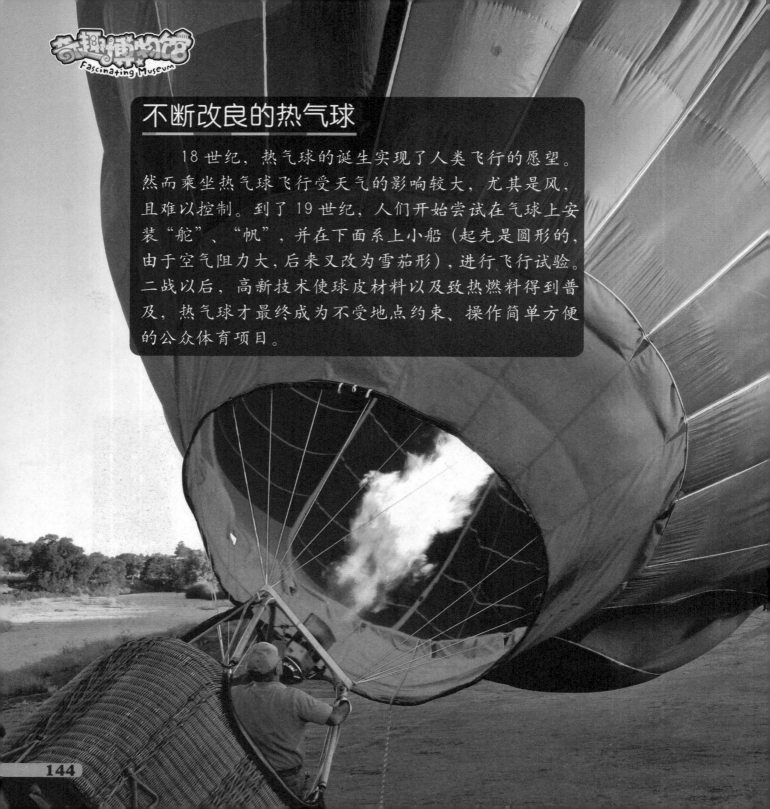

不断改良的热气球

　　18世纪，热气球的诞生实现了人类飞行的愿望。然而乘坐热气球飞行受天气的影响较大，尤其是风，且难以控制。到了19世纪，人们开始尝试在气球上安装"舵"、"帆"，并在下面系上小船（起先是圆形的，由于空气阻力大，后来又改为雪茄形），进行飞行试验。二战以后，高新技术使球皮材料以及致热燃料得到普及，热气球才最终成为不受地点约束、操作简单方便的公众体育项目。

蒙特哥菲尔兄弟圆了飞天梦

　　1783 年 11 月 21 日，巴黎的米也特堡，蒙特哥菲尔兄弟新设计的热气球被系在两根高高矗 [chù] 立的木柱上，他们亲自往热灶里添了许多燃料。两位无畏的航空先驱者——罗齐尔和德尔朗达跨进了吊篮。

　　几分钟后，充满烟气的气球挣脱了绳索，载着不停向人群挥手示意的罗齐尔和德尔朗达两人飘向了一碧如洗的天空。人类终于飞上了天空！

参照教材阅读
利用先进仪器探索宇宙秘密
参照人民教育出版社出版的《小学科学》
六年级下册教材第 72 页

太空的交通工具——航天飞机

　　航天飞机是人类探索太空，发展载人航天事业所取得的另一个巨大的成就。有了航天飞机，我们"飞向太空，到外太空去观赏浩瀚星空"的美丽梦想，就越来越现实了。

航天飞机是如何飞向太空的

　　航天飞机由轨道器、固体燃料助推火箭和外储箱三大部分组成。固体燃料助推火箭共两枚，发射时它们与轨道器的三台主发动机同时点火，当航天飞机上升到50千米高空时，两枚助推火箭停止工作并与轨道器分离，回收后经过修理可重复使用20次。外储箱是个巨大壳体、内装供轨道器主发动机用的推进剂，在航天飞机进入地球轨道之前主发动机熄火，外储箱与轨道器分离，进入大气层烧毁；外储箱是航天飞机组件中唯一不能回收的部分。航天飞机的轨道器是载人的部分，有宽大的机舱，并根据航天任务的需要分成若干个"房间"。航天飞机在太空轨道完成飞行任务后，轨道器下降返航，像一架滑翔机那样在预定跑道上水平着陆。

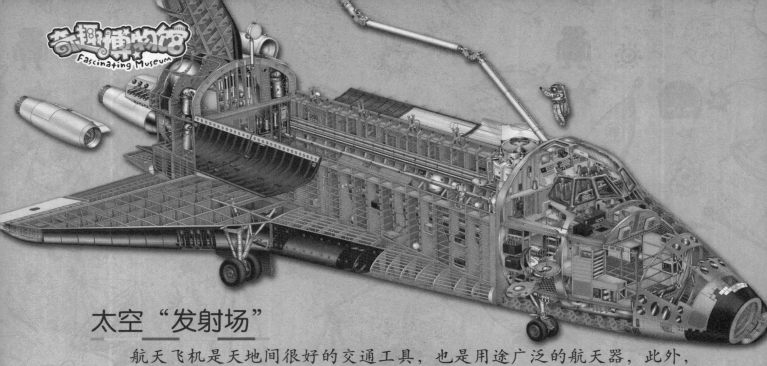

太空 "发射场"

　　航天飞机是天地间很好的交通工具, 也是用途广泛的航天器, 此外, 它还有奇特的用处, 它还是一种理想的太空发射基地。利用航天飞机, 宇航员可以把卫星发射到地球同步轨道, 或把宇宙探测器送到遥远的星际空间。从航天飞机上发射卫星, 好比把地面的卫星发射场搬到离地面几百千米高的太空, 当然, 这个太空 "发射场" 也需要配备必要的发射设备。

　　航天飞机的主要发射设施是旋转式垂直发射架, 发射架设有支撑卫星及末级火箭的托架, 摇篮似的托架固定在航天飞机的货舱内。

为卫星"治病"的"医生"

自 1957 年前苏联发射世界上第一颗人造卫星以来，各国已向太空发射了数千颗人造卫星，然而"病"者甚多。1984 年世界上第一个为卫星"治病"的"医生"出现了，它就是"挑战者"号航天飞机。

1984 年 4 月 6 日，"挑战者"号航天飞机载着 5 名机组人员从美国卡纳维拉尔角腾空而起，奉命修复"太阳活动峰年观测卫星"。 4 月 13 日，"挑战者"号航天飞机完成了它的历史使命，顺利地返回地面。"挑战者"号航天飞机在太空捕捉和修理卫星成功，不仅具有较高的经济价值，而且还具有重要的军事意义，它开创了航天器的新时代。

149

"挑战者"号航天飞机爆炸

　　1986年1月28日，美国"挑战者"号航天飞机在第10次发射升空后，因助推火箭发生事故凌空爆炸，舱内7名宇航员（包括一名女教师）全部遇难。这次爆炸直接造成经济损失12亿美元，航天飞机停飞近3年。这次爆炸成为人类航天史上最严重的一次载人航天事故，使全世界对征服太空的艰巨性有了一个深刻的认识。

多用途人造卫星

人造地球卫星是环绕地球飞行并在空间轨道运行一圈以上的无人航天器，简称人造卫星。人造卫星是发射数量最多、用途最广、发展最快的航天器。

认识人造卫星

人造卫星一般由专用系统和保障系统组成。专用系统是指与卫星所执行的任务直接有关的系统，也称为有效载荷。应用卫星的专用系统按卫星的各种用途包括：通信转发器、遥感器、导航设备等。科学卫星的专用系统则是各种空间物理探测、天文探测等仪器。技术试验卫星的专用系统则是各种新原理、新技术、新方案、新仪器设备和新材料的试验设备。保障系统是指保障卫星和专用系统在空间站正常工作的系统，也称为服务系统。主要有结构系统、电源系统、热控制系统、姿态控制和轨道控制系统、无线电测控系统等。对于返回卫星，则还有返回着陆系统。

151

人造卫星的分类和用途

　　人造卫星的优点在于能同时处理大量的资料及能传送到世界任何角落，使用三颗卫星即能涵盖全球各地。按照使用目的，人造卫星大致可分为下列几类：

　　科学卫星：送入太空轨道，进行大气物理、天文物理、地球物理等实验或测试的卫星，如中华卫星一号、哈伯等。

　　通信卫星：作为电讯中继站的卫星，如亚卫一号。

　　军事卫星：作为军事照相、侦察用的卫星。

　　气象卫星：摄取云层图和有关气象资料的卫星。

　　资源卫星：摄取地表或深层组成之图像，作为地球资源勘 [kān] 探之用的卫星。

　　星际卫星：可航行至其他行星进行探测照相之卫星，一般称之为"行星探测器"，如先锋号、火星号、探路者号等。

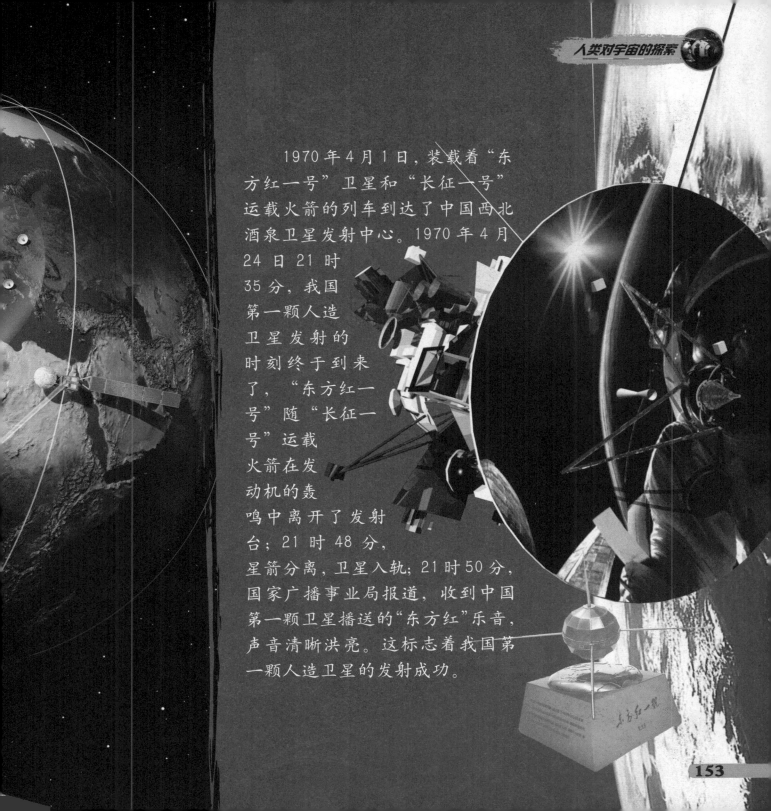

　　1970年4月1日，装载着"东方红一号"卫星和"长征一号"运载火箭的列车到达了中国西北酒泉卫星发射中心。1970年4月24日21时35分，我国第一颗人造卫星发射的时刻终于到来了，"东方红一号"随"长征一号"运载火箭在发动机的轰鸣中离开了发射台；21时48分，星箭分离，卫星入轨；21时50分，国家广播事业局报道，收到中国第一颗卫星播送的"东方红"乐音，声音清晰洪亮。这标志着我国第一颗人造卫星的发射成功。

人类在太空的基地

人类并不满足于在太空作短暂的旅游，为了开发太空，需要建立长期生活和工作的基地。宇宙空间站就是在这样的需求下产生的。空间站是迎送宇航员和太空物资的场所，是环绕地球轨道运行的空间基地。

认识宇宙空间站

宇宙空间站也称航天站，是在固定轨道上长期运行的供宇航员长期居住和工作的大型空间平台。空间站是迎送宇航员和太空物资的场所，是环绕地球轨道运行的空间基地，人们又称它为"宇宙岛"。空间站与一般航天器相比，有效容积大，可装载比较复杂的仪器，如长焦距照相机等，使获取的照片分辨率大大提高。由于空间站可以长期载人，许多仪器可由人直接操作，增强了分辨能力，可避免机械动作带来的误差，可以完成比较复杂、非重复性的工作任务。

155

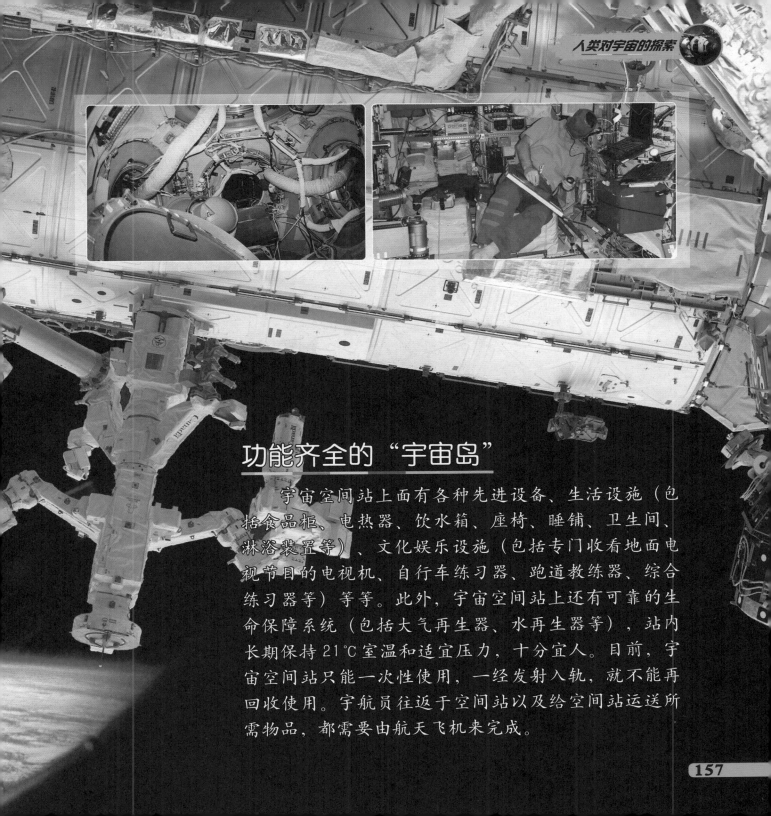

功能齐全的"宇宙岛"

宇宙空间站上面有各种先进设备、生活设施（包括食品柜、电热器、饮水箱、座椅、睡铺、卫生间、淋浴装置等）、文化娱乐设施（包括专门收看地面电视节目的电视机、自行车练习器、跑道教练器、综合练习器等）等等。此外，宇宙空间站上还有可靠的生命保障系统（包括大气再生器、水再生器等），站内长期保持21℃室温和适宜压力，十分宜人。目前，宇宙空间站只能一次性使用，一经发射入轨，就不能再回收使用。宇航员往返于空间站以及给空间站运送所需物品，都需要由航天飞机来完成。

157

从望远镜到红外空间观测台

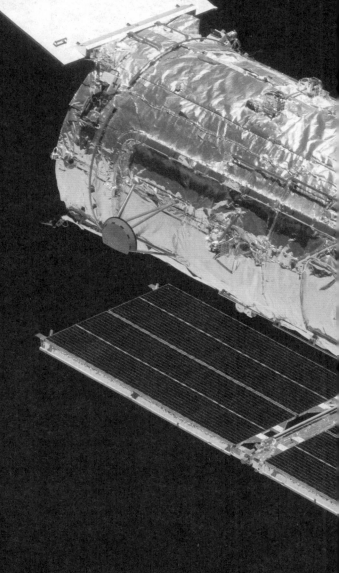

要想观测整个宇宙空间，我们站得再高也不见得能看得远、看得全。对了，有的同学就会建议："为什么不试试天文望远镜呢？"这是个不错的建议，如果能够使天文望远镜观测太空就更好了！

哈勃望远镜

哈勃望远镜是以天文学家哈勃命名，在轨道上环绕着地球的望远镜，它是世界上最大、图像最清晰的天文望远镜。它的位置在地球的大气层之上，因此获得了地基望远镜所没有的好处——影像不会受到大气湍流的扰动，视宁度（视宁度是对受地球大气扰动影响的天体图像质量的量度，主要用以描述点源图像的质量优劣和角大小）绝佳又没有大气散射造成的背景光，还能观测会被臭氧层吸收的紫外线。哈勃望远镜于 1990 年发射之后，已经成为天文史上最重要的仪器。哈勃的哈勃超深空视场是天文学家曾获得的最深入（最敏锐的）的光学影像。

次镜组件

石墨环氧计量桁架

中央挡板

系统模块

精密制导传感器

铝制主挡板

电子盒

直径2.4米主镜片

主环

焦平面结构

航天运载火箭在中国腾飞

火箭是以热气流高速向后喷出，利用产生的反作用力向前运动的喷气推进装置。它自身携带燃烧剂与氧化剂，不依赖空气中的氧助燃。人类要想真正实现自己的飞天梦想，离不开火箭。

我国运载火箭的发展

运载火箭是第二次世界大战后在导弹的基础上开始发展起来的。第一枚成功发射卫星的运载火箭是苏联用洲际导弹改装的卫星号运载火箭。到20世纪80年代，苏联、美国、法国、日本、中国、英国、印度和欧洲空间局已研制成功20多种大、中、小运载能力的火箭。最小的仅重10.2吨，推力约12.7吨力，只能将1.48千克重的人造卫星送入近地轨道；最大的重2 900多吨，推力3 400吨力，能将120多吨重的载荷送入近地轨道。主要的运载火箭有"大力神"号运载火箭、"德尔塔"号运载火箭、"土星"号运载火箭、"东方"号运载火箭、"宇宙"号运载火箭、"阿里安"号运载火箭、"长征"号运载火箭等。

"长征"系列，中国人的骄傲

1964 年 6 月 29 日，中国自行设计研制的中程火箭试飞成功之后，立即着手研制多级火箭，向空间技术进军。经过 5 年多的艰苦努力，1970 年 4 月 24 日"长征1 号"运载火箭诞生了，成功发射了"东方红 1 号"卫星。这也标志着中国航天技术迈出了重要的一步。现在，"长征"系列火箭已经走向世界，享誉全球。

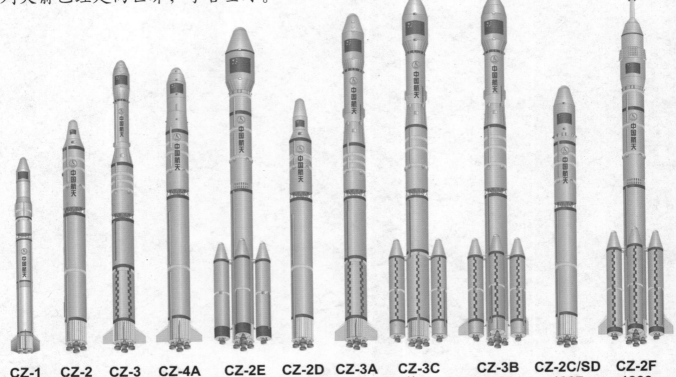

| CZ-1 | CZ-2 | CZ-3 | CZ-4A | CZ-2E | CZ-2D | CZ-3A | CZ-3C | CZ-3B | CZ-2C/SD | CZ-2F |
| 1970 | 1974 | 1984 | 1988 | 1990 | 1992 | 1994 | 待飞 | 1996 | 1997 | 1999 |

太空圆梦——"神七"上天

太空，中国人来了！2008年9月27日，中国宇航员翟志刚穿着中国人自己制造的新太空服，第一个从神舟七号里走出来，成为在太空行走的第一个中国人。

认识"神七"

神舟七号载人飞船是中国神舟号飞船系列之一，用长征二号F运载火箭发射升空。

神舟七号飞船全长9.19米，由轨道舱、返回舱和推进舱构成。神七载人飞船重达12吨。长征二号F运载火箭和逃逸塔组合体整体高达58.3米。

历史的一刻

2008 年 9 月 23 日，神舟七号抵达太空，身着中国"飞天"舱外航天服的翟志刚头先脚后飘出飞船，他向摄像机挥手致意。"神舟七号报告，我已出舱，感觉良好。""神舟七号向全国人民、向全世界人民问好！请祖国放心，我们坚决完成任务！"这是世界上第 354 个出舱的航天员进入太空后的第一句宣言。

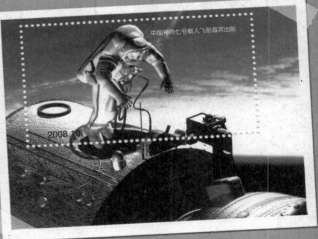

163

太空人的独特生活

在1961年4月12日，加加林进入太空之前，谁也不知道人类对太空飞行的严酷条件能忍受多少。人体能抵受火箭发射带来（体重增加六倍）的压力吗？在没有重力使食物和饮料进入食道的情况下，还能吃喝吗？30年的载人太空飞行显示，上述各问题的答案，虽有某些保留，但全部是肯定的。

太空船独特的呼吸系统

在太空中，太空船的维生系统让航天员在氮和氧构成的大气中，压力相当于普通海平面的大气压力，温度宜人。空气经二氧化碳吸收剂和木炭过滤器净化除臭，循环再用，空气温度由仪器精密调控。压缩空气系统中的氮气增压箱供应，氧气则由太空船上的液氧储存装置提供。

航天员在太空的饮食

　　在太空中吃喝，不同于地球上。例如，航天员无法将花生抛高用口去接住。花生抛出后会一直上升，直至碰到太空船的舱顶才弹开。太空人必须小心翼翼将食物放入口中。一旦食物入口，失重就没什么关系了，人体的吞咽反射会迫使食物通过食道。

　　喝饮料倒有点问题。举个例子，橘子汁会滞留在容器内，倒不出来；摇动容器，橘子汁则会弹出，形成许多小球，弄得到处都是。饮料必须用手枪状器具喷射入口中，或用吸管从容器吸入口里。在太空中吮吸像在地球上一样，因为吮吸是依靠空气压力使流体从吸管里上升的。

166

航天员在太空的排泄

　　在太空最初几天里，几乎五成航天员都会患上太空晕动病，恶心、头痛、冒汗和呕吐。此病与有些人在地球上旅行时发作的晕动病类似，不过较为严重，是失重使内耳平衡器官失调所造成的。盛呕吐物的袋子必须作卫生处理，在封闭的空间里细菌繁殖得很快。

　　另一个重要的人体排泄物处理项目，在失重环境中，粪便排泄确实是个问题。由于太空中没有重力，粪便排出人体后即停留在排泄处。

　　在早期的太空船中，航天员将排泄物收集袋捆扎在身上，这样当然很不舒服。现在则备有马桶，只是卷走排泄物的是气流而不是水，而且另有管道排走小便。马桶前有固定脚套和系身带。

图书在版编目（CIP）数据

我想有一个外星朋友 ／ 刘少宸编著 . -- 长春：吉
林科学技术出版社，2014.11
　（奇趣博物馆）
　ISBN 978-7-5384-8281-2

　Ⅰ．①我… Ⅱ．①刘… Ⅲ．①宇宙－少儿读物 Ⅳ．
① P159-49

中国版本图书馆 CIP 数据核字 (2014) 第 218707 号

编　　　著	刘少宸					
编　　委	邓　辉	丁可心	丁天明	关　雪	韩　石	韩　雪
	李海霞	刘　超	刘训成	刘亚男	卢　迪	戚嘉富
	汝俊杰	唐婷婷	王丽丽	吴　恒	杨　丹	张晓明
	张　扬	张玉欣	朱兆龙	邹丽丽		

出　版　人	李　梁
策划责任编辑	万田继
执行责任编辑	朱　萌
封 面 设 计	宸唐装帧
制　　版	宸唐装帧
开　　本	889mm×1194mm　1/20
字　　数	200 千字
印　　张	8.5
印　　数	1-10 000 册
版　　次	2015 年 1 月第 1 版
印　　次	2015 年 1 月第 1 次印刷

出　　版	吉林科学技术出版社
发　　行	吉林科学技术出版社
地　　址	长春市人民大街 4646 号
邮　　编	130021
发行部电话／传真	0431-85600611　85651759　85635177
	85651628　85635181　85635176
储运部电话	0431-86059116
编辑部电话	0431-85610611
团 购 热 线	0431-85610611
网　　址	www.jlstp.net
印　　刷	延边新华印刷有限公司

书　　号	ISBN 978-7-5384-8281-2
定　　价	22.00 元

如有印装质量问题可寄出版社调换